与中国院士对话

芯片世界

集成电路探秘

邹世昌　海波　秦畅　编写

武爱民　校改

华东师范大学出版社

上海

图书在版编目（CIP）数据

芯片世界：集成电路探秘 / 邹世昌，海波，秦畅编写；
张启明绘．—上海：华东师范大学出版社，2017
与中国院士对话
ISBN 978-7-5675-6300-1

Ⅰ. ①芯… Ⅱ. ①邹… ②海… ③秦… ④张…
Ⅲ. ①成电路—少儿读物 Ⅳ. ① TN4-49

中国版本图书馆 CIP 数据核字（2017）第 052239 号

与中国院士对话

芯片世界

集成电路探秘

编　　写　邹世昌　海　波　秦　畅
校　　改　武爱民
绘　　图　张启明
责任编辑　刘　佳
责任校对　王丽平
装帧设计　崔　楚

出版发行　华东师范大学出版社
社　　址　上海市中山北路 3663 号　邮编 200062
网　　址　www.ecnupress.com.cn
电　　话　021-60821666　行政传真 021-62572105
客服电话　021-62865537　门市（邮购）电话 021-62869887
地　　址　上海市中山北路 3663 号华东师范大学校内先锋路口
网　　店　http://hdsdcbs.tmall.com

印 刷 者　杭州日报报业集团盛元印务有限公司
开　　本　787 毫米 × 1092 毫米　1/16
插　　页　2
印　　张　8.5
字　　数　49 千字
版　　次　2017 年 8 月第 1 版
印　　次　2024 年 5 月第 8 次
书　　号　ISBN 978-7-5675-6300-1/TN · 113
定　　价　38.00 元
出 版 人　王　焰

（如发现本版图书有印订质量问题，请寄回本社客服中心调换或电话 021-62865537 联系）

与中国院士对话

写在前面

节目现场

“海上畅谈”工作室的推出，是我们作为广播人的一个梦想。信息传播技术日新月异，新技术带来的传播方式的改变，给传统媒体如报纸、期刊、广播、电视等以超出想象的冲击。在互联网技术崛起，移动终端设备改变大众阅读习惯的时代，数家报刊无奈宣布停刊，多数传统媒体寻求转型。传统媒体会死吗？这是许多新闻人的疑问。广播这样一种历史悠久的、“古老的”、传统的媒体形态，在互联网技术的冲击下，非但没有消失，反而在动荡中异军突起，展现出活泼的生命力，这虽出乎世人的预料，但也在情理之中。今天，广播节目的丰富多彩，与广播人多年来的不懈奋斗是分不开的，广播人在一次次的新技术冲击中，始终抓住信息内容，以新技术带动节目内容的创新，主动求新求变，在技术裂变中寻找到了更多的机会。

新时代，面对如何“建设具有全球影响力的科技创新中心”的战略要求，媒体人该如何做？如何为营造“大众创业、万众创新”的社会氛围尽一份责？媒体能否在形式、内容的传播方法和手段上实现“自我创新”？让支持创新、宽容失败的理念“随风潜入夜”？“海上畅谈”节目试图回答这些问题。

基于此，我们独家策划了“创新之问·小学生对话中国院士”系列广播节目，试图为上海科创中心建设培育创新沃土。这档节目的初衷，是想请中国院士来和小学生一起畅谈当前有趣的科普话题。我们认为，小学阶段的孩子，有旺盛的好奇心和求知欲，他们的念头千奇百怪，他们的问题独特刁钻，那么让在学术领域已成大家的院士们和童言无忌的小学生进行科学启蒙式的对话，会不会出现无法预料的惊喜呢？

有了这样的想法，我们尝试着请中国院士来为小学生进行科普，出乎意料地顺利，院士们纷纷表示支持，这一节目得以顺利完成。就节目谈话内容来说，大院士们给小朋友谈的并不是特别尖端前沿的科学，而是更偏向于基础的工程学，偏向于如何用科学探索去引领技术突破，继而带动产业升级，最终服务全人类。不积跬步，无以至千里，科学探索的道路漫长而艰辛。院士们以自身的成长经历为例，为孩子讲自身“学”的故事，引导他们去养成一种“思”的习惯。

邹世昌院士在节目现场

院士为孩子们讲的科学知识，不光是理论研究的内容，而是结合我国现有的产业现状，让孩子们能切实感受到产业现状，了解专业学科的背景知识，启蒙他们的职业意识，让孩子们知道科技强国的梦想务必得立足实际。

近90高龄的知名天文专家叶叔华院士代表科学界首次宣布了我国参与世界探索太空的巨型望远镜计划。“海上畅谈”率全国之先，成为最先披露此消息的节目。钱旭红院士讲述了自己小时候动手拆闹钟的故事，让孩子们对勤动手勤动脑有了更贴切的体会。邹世昌院士在现场严肃认真的模样，让孩子们感受到科学家老爷爷的气场。贺林院士讲述遗传基因的现场十分热闹，他和孩子们讨论双胞胎为啥那么像这个话题时乐翻全场。一场场妙趣横生、充满智慧的对话，打造了一场场听觉盛宴！院士们不拘泥于传统科普刻板的知识灌输，充分展现了个人魅力，拉近了对话者之间的距离。对话中，孩子们大胆向院士们抛出一系列童言无忌、天马行空的问题，院士们耐心接招，甚至坦言“不知道”，并以此激励孩子们自己去想，去探索。听者不仅惊讶于现在小学生的知识面，也为院士们呵护每一个孩子至为珍贵的探索精神而感动。

邹世昌、秦畅在与现场小学生对话

当然，不光是小学生，还有初中生，他们也对科普知识十分渴求。

这样生动的对话在节目结束后我们依然不能忘怀，我们希望有更多的孩子能听到院士们的话。于是有了我们这套“与中国院士对话”丛书。在各位参与院士的支持下，我们将节目谈话的知识内容加以系统化地扩展，以文字的形式配上插图，更清晰更形象地展示学科领域的基础知识。在知识内容编写的过程中，一群年轻的、奋斗在各科研领域一线的博士们加入到编写队伍中，他们梳理了谈话涉及的领域知识，补充了相关的专业内容，让这套丛书的科学性更立体、知识性更充实。本套丛书的插图选自“视觉中国”、“富昱特”等专业图库，力求图文并茂地为孩子们展现知识内容。

杨雄里院士在节目中说道：“科学就是跟新的东西打交道，要不断地创新。”我们把这套丛书献给孩子们，希望他们在成长的道路上能探索一个又一个的秘密，并以此为乐。

“海上畅谈”节目

2017 年 2 月 26 日

小学生

VS

大院士

探索科学，对话大科学家，
同学们，你们准备好了吗？

邹世昌院士

海波

秦畅

我们是学生

目录

/027

包罗万象的芯片

把一个复杂的电子系统放到一个指甲盖大小的集成电路芯片里，这张小小的芯片可能记录你乘坐公交车的信息，也可能记录你参加一次大会的信息，甚至可能记录你所有的身份信息。很神奇吧，来看看包罗万象的芯片吧。

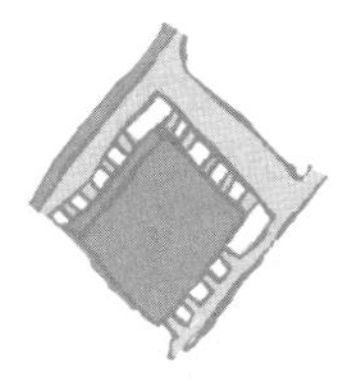

/051

有个性的半导体

半导体是一种导电性可受控制，可以从绝缘体至导体之间变化的材料。半导体最大的价值是其导电性能够通过外部条件的改变而改变。

/073

芯片的生产线

芯片在我们生活中的方方面面都能用到，那么我们怎么样才能制造出芯片来呢？芯片的生产线到底是什么样子的呢？

命运同中国科学事业紧紧相连

图片由上海华虹宏力半导体制造有限公司提供

在战火中出生，小时候依靠助学金才能继续求学的邹世昌院士，是我国极少数同时参加“两弹一星”与“集成电路”研制项目的科研人员之一，来看看他的科研之路吧。

同学们，你们好。我是海波。我们这套“与中国院士对话丛书”是特意为你们准备的。我们邀请了在科研领域奋斗的大科学家来给你们讲讲他们的成长故事和你们最想知道的科普知识。这些大科学家的成长故事，既有趣又能激励你们早早立志，没准儿，你们中间的谁，以后也能成为大科学家呢。

海波

我是秦畅，坐在我旁边的就是今天要和同学们对话的邹世昌院士。

同学们，你们知道吗？邹院士生于战火纷飞的年代，小时候为求学吃了许多苦。他不光为我国的集成电路产业做出卓越的贡献，还是“两弹一星”的研究人员。我们先来听听邹世昌院士的成长故事吧。

邹世昌

中国科学院院士，著名的材料学家。生在战争年代的邹爷爷小时候需要依靠助学金才能继续求学，他是我国极少数同时参加“两弹一星”与“集成电路”研制项目的科研人员之一。另外邹爷爷还有一个身份是上海华虹 NEC 电子有限公司的前副董事长和上海宏力半导体制造有限公司的前董事长。

老上海街景 （图片来源：视觉中国）

我生在 1931 年，在我懂事的时候，抗日战争就爆发了。当时的上海，有几块地方是租界。现在大家熟悉的市中心、南京路这些地方，那是英租界，淮海路是法租界，四川北路虹口那一带是日本租界，外围那一圈才是中国人自己的地盘。日本人就在郊区——闸北那个地方打响了枪。到了 1941 年，太平洋战争爆发，那些租界也被日本人占领了。老百姓受尽了苦难，那时我们吃的米都是碎米，或是发霉的米。日本人有个封锁区，你要买点粮食就必须经过日本人的封锁区，经过封锁区的时候，日本人都

要搜查。有个孕妇经过封锁区，日本兵就用刺刀去捅，我们的同胞——母亲和孩子的两条命就被捅死在刺刀之下。我亲眼目睹这些情况，我那时候心里就埋下了受压迫、受欺凌的仇恨。

可以说，我小时候正值国难，大环境很动荡，再加上家庭经济状况本来就不是很好，所以那个时候我要念书，就很困难。想读书靠什么呢？当时上海有两份排头两位的报纸，一份是《申报》，一份是《新闻报》，这两份报纸用有钱人捐助的钱设立助学金。当时社会上也还有一些有钱的资本家设的奖学金。不过要得到这些资助，得凭你的成绩，书要读得很好。我就是靠社会上方方面面的支持，才完成了我的中学学业。不靠这样的帮助，像我这样的家庭，根本不可能支持我到初中毕业，更不用说读高中了。我家庭比较清苦，不指望我读大学，我高中就上了一个中华职业学校，想毕业以后就去做工。中华职业学校的校舍就在陆家浜，靠近江南造船厂那个地方。

抗日战争爆发后，日本人征用这个学校，把这个学校的人赶到市中心浦东同乡会。抗战后期，美军开始轰

炸江南造船厂，日本人又返过来占领了浦东同乡会，再把我们赶回去。我们学生当时每个人搬一把椅子一张桌子，就这样步行回到原来的校址。每天中午在教室里上课的时候，B–29 轰炸机的炸弹就扔在我们旁边的江南造船厂。上课的老师讲，不能下课，如果现在下课把学生放出去，在路上就被炸死了，学校对家长就解释不清楚了，要炸死的话就大家一起死。处在当时那样一个环境里，我就经常会想，

长崎，从高空拍摄的原子弹爆炸场景，1945年8月9日（图片来源：视觉中国）

为什么我们中国人就这么穷？为什么我们中国人要这样受日本人欺负？1945 年 8 月，美国在广岛和长崎扔了两颗原子弹，日本就投降了。我也从中懂得了国家经济实力强大与科学技术进步是取得战争主动权的重要因素。中国之所以受侵略与压迫，国力不强与技术落后是很重要的原因。我们当时对抗战胜利抱有很大的希望，觉得抗战胜利了，用老百姓的话说就是“天亮了”。想不到抗战胜利以后，国民

党接管上海，并没有给老百姓的生活带来多大变化。无非是日本人走了，换来了美国人，美国兵在上海街道上横行霸道，社会秩序一塌糊涂。国民党派来的接收大员贪污腐败，物价飞涨，老百姓的生活还是处在水深火热之中。于是，我又从中悟出一个道理，国家要富强，单有经济实力恐怕还不行，还要有一个为老百姓服务的政府。我青少年时代对好多问题的认识，都是在反面的环境里慢慢地悟出来的。

1949年解放前夕我刚好高中毕业，毕业后还想继续求学，我那时非常想上大学。当时的家庭条件不好，除非我能考上国立大学，家里是没有钱支持我上私立大学学习的。我考了好几所大学。那时考大学和现在不一样，一所一所地考，一个夏天可能要赶十几场考试，每所大学考一场。成绩好的学生，好几个大学都会争着录取，在报上发榜，排在前面的是正取生的名单，后面的是备取生的名单。我考进好几所大学，交大考上了，同济考上了，北大也考上了。家里父母反复斟酌，还是叫我去读中国纺织工学院。中国纺织工学院是荣家申新集团所办，这个学校给出的条件是免学费、住宿

费、膳食费，还给衣服穿，毕业后直接进申新纱厂工作。那时我们念大学，最要紧的是毕业后要找一份工作，因为以前大学一毕业就失业是常有的事。出自为了减轻家里负担并在大学毕业后能找个安稳的工作，及早挑起养家的担子并帮助弟弟和妹妹们这样的考虑，就进了中国纺织工学院。

进中国纺织工学院后不久，国家开始搞建设，建设的重点是重工业。当时我想为国家建设出力，觉得学纺织好像不行。我就想放弃一年学业，再考大学，考到北方去。后来我到了北京以后准备考试，一看唐山交大招转学生，可以插班读二年级，就直接从北京到了唐山，考上了唐山交大。

我大学毕业的时候，赶上国家第一个五年计划开始，急需人才。我们这批大学生是提前一年毕业分配工作的。我被分配到中国科学院，从这开始，我的命运就和中国的科学事业紧紧联系起来了。

第一年做的工作是什么呢？当时长春正在建设国家第一汽车厂，首先要造的汽车是载重五吨的卡车，相当于现在的解放牌载重车。那时候苏联

建设场景
（图片来源：富昱特）

造汽车用的钢是苏联产的系列钢，后轴用的是含有镍和铬的低合金钢。当时在我国这两种元素奇缺。我到了研究所报到后，第一项科研工作就是要制造出用我们国家富有的元素锰、钼取代镍、铬的低合金钢，确保我国的第一个汽车厂能顺利地启动生产。这也可以说是 20 世纪 50 年代初建立我国低合金钢系统的开创性工作。

长春一汽集团园区里展出的最早生产的“解放”牌载货汽车
（图片来源：视觉中国）

工作一年以后，国家要派一批年轻人去苏联学习，我很幸运，我被选上了，我以前连做梦也想不到可以出国留学。到了苏联以后，我把全部精力放在学习上。苏联的基础性教育还是挺强的，我们用的好多教材，像高等数学、理论物理，都比较经典。我在莫斯科拿了学位，就是当时苏联的副博士。

同学们，在20世纪60年代，我国还有一个至关重要的国防任务，就是要造两弹一星，即原子弹、氢弹和人造卫星。

浓缩铀是造原子弹的关键所在。什么叫浓缩铀？采出铀矿提炼成金属铀，铀有两个同位素，铀238和铀

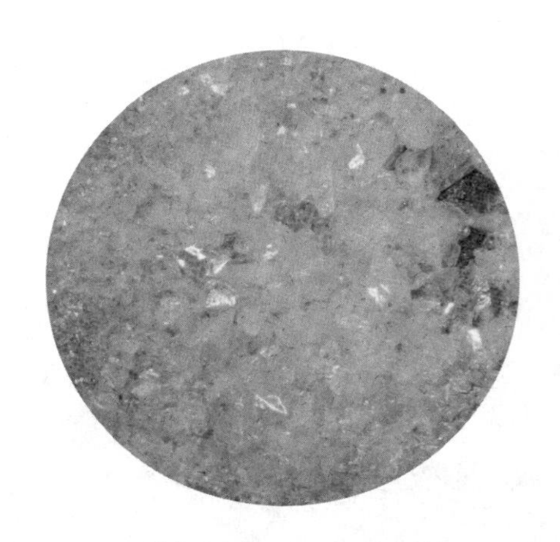

铀钙石（Liebigite），美，科罗拉多
（图片来源：视觉中国）

在黑暗的矿床中采铀矿的工人
（图片来源：视觉中国）

235。铀 235 才可以产生裂变反应，所以要制造原子弹，铀 238 是没用的，只有铀 235 才有用。但是，在天然铀中，铀 235 的含量只有 0.7%，也就是 7‰，其余的 99.3% 都是铀 238。要造原子弹，就要把浓度为 7‰的铀 235 浓缩到 90%以上，这就叫浓缩铀。

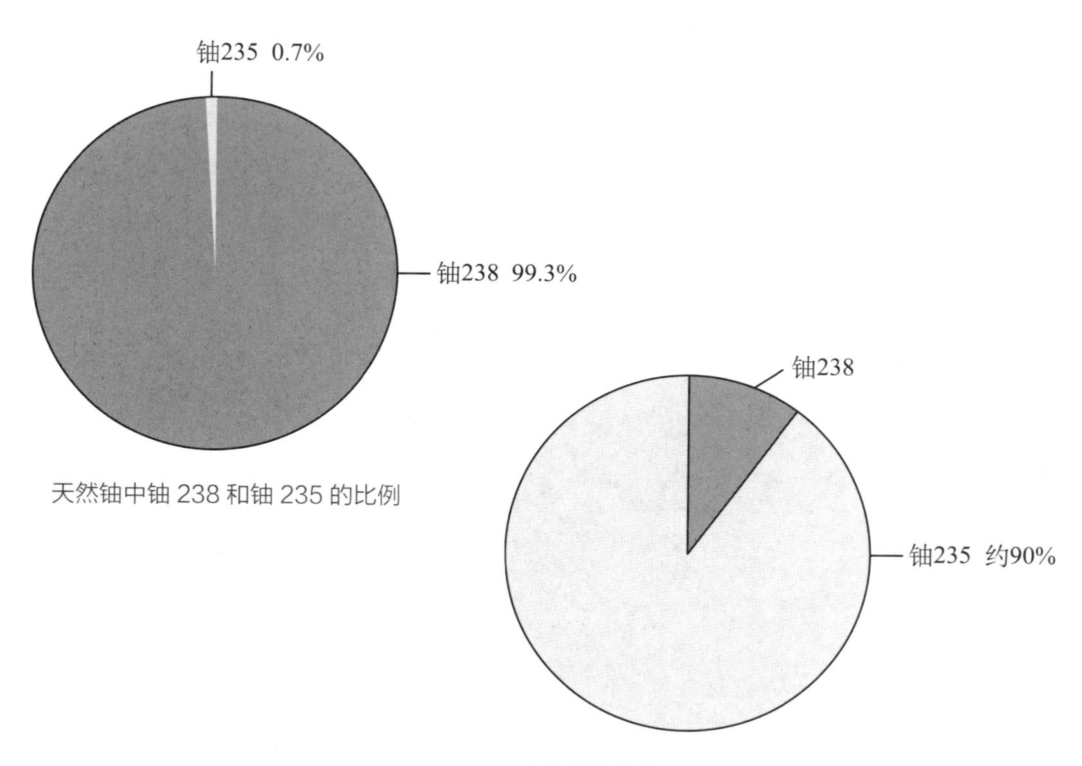

天然铀中铀 238 和铀 235 的比例

高浓缩铀中铀 238 和铀 235 的比例

我前几年到日本，专门去看了美国在广岛扔的原子弹，这个原子弹名叫“小男孩”，因为它的大小跟小孩子一般大。它的核心部分是两块放在两边的浓缩铀，两块浓缩铀中间有个引擎，这是一个爆炸装置。原子弹升到一定高度后，这个引擎就起爆，随后，两块浓缩铀碰在一起，超过临界体积，就产生了链式裂变反应。

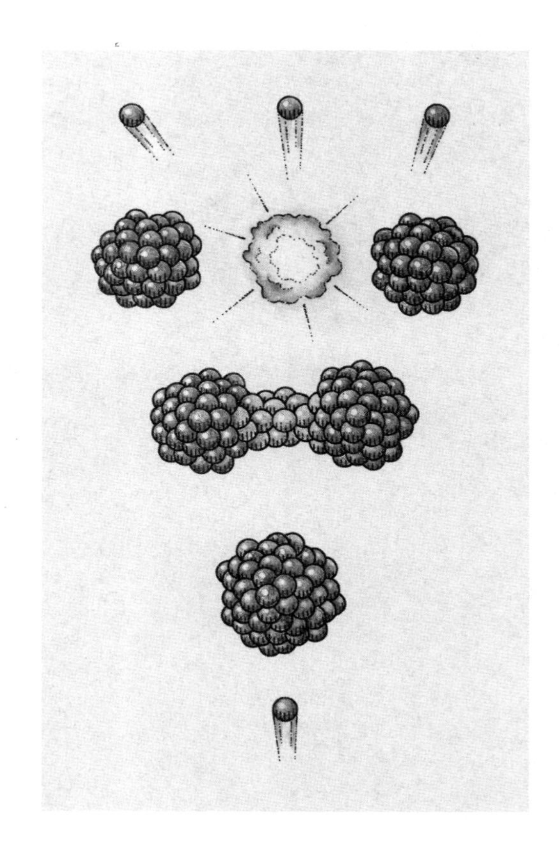

中子撞击铀 235 原子核，铀原子核变得不稳定，分裂成两个或多个较小的原子，释放出能量和中子（图片来源：视觉中国）

要造原子弹的关键就是要有浓缩铀。当时世界上会做高浓缩铀的只有两个国家，一是美国，二是苏联。在20世纪40年代，美国有个曼哈顿工程，是由当时美国总统罗斯福批准的。罗斯福批这个工程的时候，还听过科学家的意见。美国到底要不要造原子弹，罗斯福问过爱因斯坦，爱因斯坦说可以，罗斯福就批了。

伟大的科学家爱因斯坦
（图片来源：视觉中国）

造原子弹，几乎调动了美国上千个一流的科学家，在物理学界非常有名的奥本海默就是其中之一。最重要的工作就是要制造出浓缩铀235。浓缩铀工厂建在美国的橡树岭。[1]

怎么生产浓缩铀？在过去，技术不是很先进的时候，从天然铀中提纯浓缩铀是非常不容易的事情，当时主要采取气体扩散法。

先把铀转化成六氟化铀。六氟化铀中的“铀”，极可能是铀238。制成六氟化铀后，接着把六氟化铀加热使它变成气体，然后在这些气体中把铀235分离出来。

我先举个例子，在一撮面粉里混点沙子，使劲一吹，先扬起来的是什么？是面粉，对不对？因为面粉的

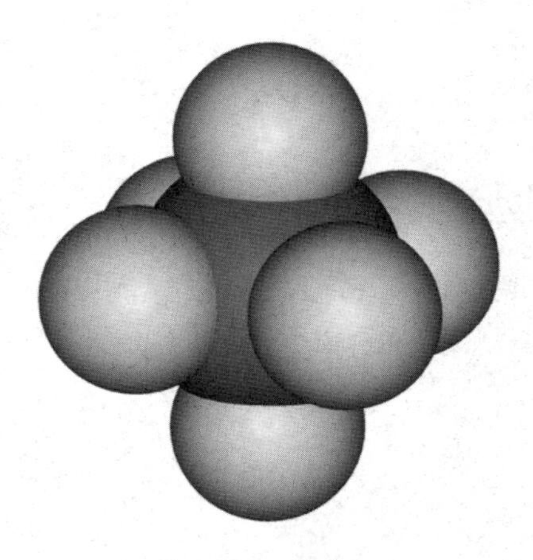

六氟化铀分子结构图

① 第二次世界大战期间，为了赶在德国之前造出原子弹，美国启动了“曼哈顿工程”。作为曼哈顿工程的一部分，1943年2月，在田纳西州诺克斯维尔以西30公里处的克林顿小镇，从事核武试验研究的克林顿实验室破土动工（后改称为橡树岭国家实验室ORNL）。

颗粒比沙子轻一点，吹口气，质量轻的，先被吹起来。在当时，技术条件有限的情况下，要想分离铀 235 和铀 238，就是利用了它们之间这一点点质量差，毕竟，铀 235 比铀 238 少了三个中子。

从分子动力学的观点来讲，我们用一个多孔薄膜，薄膜里有很多分布均匀且尺寸细小的微孔，薄膜的两边有压差，六氟化铀气体从压力大处流向压力小处，六氟化铀分子和薄膜微孔的孔壁发生碰撞并通过薄膜，轻分子铀 235 六氟化铀走得快一点，而铀 238 六氟化铀走得慢一点。这样，经过一次扩散，铀 235 比铀 238 要多一点点，再来一次，再多一点点，经过

美国早年在橡树岭的气体扩散工厂，现在是美国橡树岭国家实验室
（图片来源：视觉中国）

无数次级连的薄膜扩散，就可以把铀235浓度增加到90%以上。当时世界上生产浓缩铀用的就是这种技术。

这种分离法的效率比较低，耗能非常大。图片中是早期美国橡树岭的气体扩散工厂，这个工厂里的机器是一个压缩机接一个压缩机，整个工厂大概要几公里长，不断地运作，一刻也不能停，用的电力大概等于一个中等城市的电力。

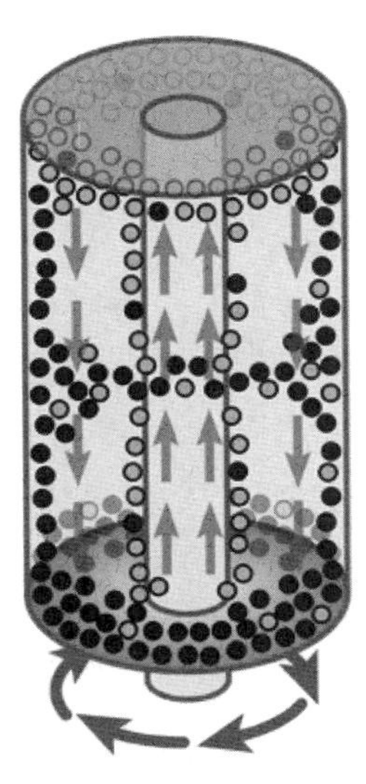

离心机分离法示意图，轻一点的铀235走得快些

基于同样的原理，后来又使用离心机来分离铀235，离心机分离法的效率要高于气体扩散法，但原理其实是一样的，利用的还是铀235比铀238少三个中子这一特点。

1960年当时苏联已经把这套机器

铀浓缩装置
（图片来源：视觉中国）

运到了中国，机器里面要装的就是分离元件，就是前面提到的多孔薄膜。由于中苏关系恶化，苏联撤走专家，分离膜等关键元件也不提供了。苏联专家走的时候，扬言中国绝对做不出被称之为“社会主义阵营安全的心脏”的分离膜，而没有分离元件，这些机器等于是一堆废品。中国核工业面临严峻的考验，苏联专家回去后这个事情怎么办？周恩来总理亲自挂帅抓这项工程。1960年8月，我正在长春出差，一封紧急电报把我召到了北京，在所党委书记、副所长的带领下到了北京原子能所。中国的原子弹之父、二机部副部长、原子能所所长钱三强亲自向我们下达了研制“甲种分离膜”的任务。钱副部长说：“有人扬言，苏联专家走后，中国的浓缩铀工厂将成为一堆废铜烂铁。其中关键之一就是我们不会制造分离铀235的分离元件。这个技术是绝密的，不可能得到任何资料。党和国家决定把研制分离膜的任务交给你们去完成。你们是粉末冶金和物理冶金专家，又都是党员，所以请你们来，这任务一定要尽快完成，非完成不可。不能让我们的浓缩铀工厂因为没有分离膜而真的变成废铜烂

铁，也不能让我们的原子弹没有浓缩铀而造不出来。”听了这些话，大家深感责任重大。

回到上海后，所里立即组织人力，开展“甲种分离膜”（代号：真空阀门）的研制。同时沈阳金属所和上海复旦大学也接到了同样的任务，连同原子能所共有四个单位分头开展这项研究。1961 年夏，北京全国新材料会议后，所党委书记要我留下参加由二机部、科学院等领导部门召集的会议。会上二机部和科学院提出，四个单位经半年多的分散研究进展不快，主要原因是这项任务涉及学科面极广，还需要相关原辅材料与专业机器设备，还要筹建工厂，使之能边研制、边中试并尽快投入批量生产。因此，国家正在研究如何加强领导，集中队伍进行会战的问题。

会后，二机部和科学院到全国各地进行了调查研究，冶金所表示，任何研究人员都可根据任务需要调入工作，包括请老科学家吴自良副所长挂帅。中共华东局及上海市委领导也表示只要任务需要，坚决全力以赴，保证完成。1961 年 11 月，科学院与二机部领导在上海衡山饭店召开会议，

决定把全国各单位有关的科研人员和设备集中到上海冶金所组成专门研究室联合攻关。

分离元件既要有合理的空隙与分离功能，又要有足够的机械强度和经得起六氟化铀气体腐蚀的化学稳定性，在选料、制材和热处理方面都有极其特殊的要求。我领导的第二大组负责分离元件制造工艺的研究，包括粉末成型、压力加工、热处理、焊接、物理性能测量等环节。组内同志共同努力，经过无数次试验，确定了有关工艺的设备、工艺和参数。到了1963年，对技术路线进行了优选决策，制成了合乎要求的分离元件。焊接成型也是当时的一个大难题。我国那个时期能生产供应的焊头材料性能较差，达不到甲种分离膜焊接工艺的要求。正好我在苏联读研究生时，曾研究出一种高强度、高电导、热稳定的铜合金新材料。将这一材料加工成焊接电极，使用效果非常好，为甲种铀分离膜的研制成功铲平了一大障碍。

我们那三四年白天晚上都在实验室里奋斗，完全是一种献身精神，为的就是为国家争一口气。直到20世纪80年代，国家给我们这个研发项目评了发明一等奖，这是很高的一个奖。还给了几万块钱的奖金，不管是所长、室主任还是辅助技术人员，大家平分，每人都拿一份，又给每一个参与过这个工作的有关科技人员发一张获奖证明。1999年，国家在人民大会堂举行“两弹一星”的授奖典礼，全国获奖者只有23人，上海唯一一个，就是我的老师老主任吴自良先生。参加“两弹一星”工程的全国可能有几万人，奖授给谁好？当时也是一个很大的争议，中央为这件事开了几次会。最后定下来的名单中只有23个名额，甲种分离膜的代表人物，就是我们的室主任吴自良，我也有幸参加了人民大会堂的授奖大会。

集成电路板（图片来源：富昱特）

20世纪70年代以后，我进入了另外一个科研领域，就是半导体材料领域。我国的半导体研究，1965年就开始了。我搞了几十年的半导体科研，我的梦想就是看到中国集成电路作为一个规模产业被建立起来。集成电路的研究与制造水平，综合反映了一个国家的科技和经济实力。如果没有掌握这种技术，说明我们还没有掌握信息产业的核心技术。

一个电子系统的核心是什么？就

是两样东西，一个是硬件即集成电路，一个就是软件。而现在，集成电路大部分都不是中国制造的，而是从国外进口的。我们做的是把国外的电路组合装配，有的产品说得难听一点，是贴个牌子就完事了。这种状态是很危险的。

我们的目的绝不是在国内建立一批外国公司的加工点，而是希望建立我国自主知识产权的半导体工业。这件事是几代科技人员的愿望，也包括我的前辈，如已故的复旦大学前校长谢希德，她是我国著名的女科学家，也是半导体专家，建立我国自主知识产权的半导体工业也是谢校长那一辈人的梦想。

我们这一辈人趁现在还做得动要为年轻人做铺路石子、打好基础，希望年轻人继续攀登，经过几代人的努力和奋斗，这个梦想一定会实现。只有这样，我们国家才是一个真正的经济科技大国。

人民大会堂（图片来源：全景）

包罗万象的芯片

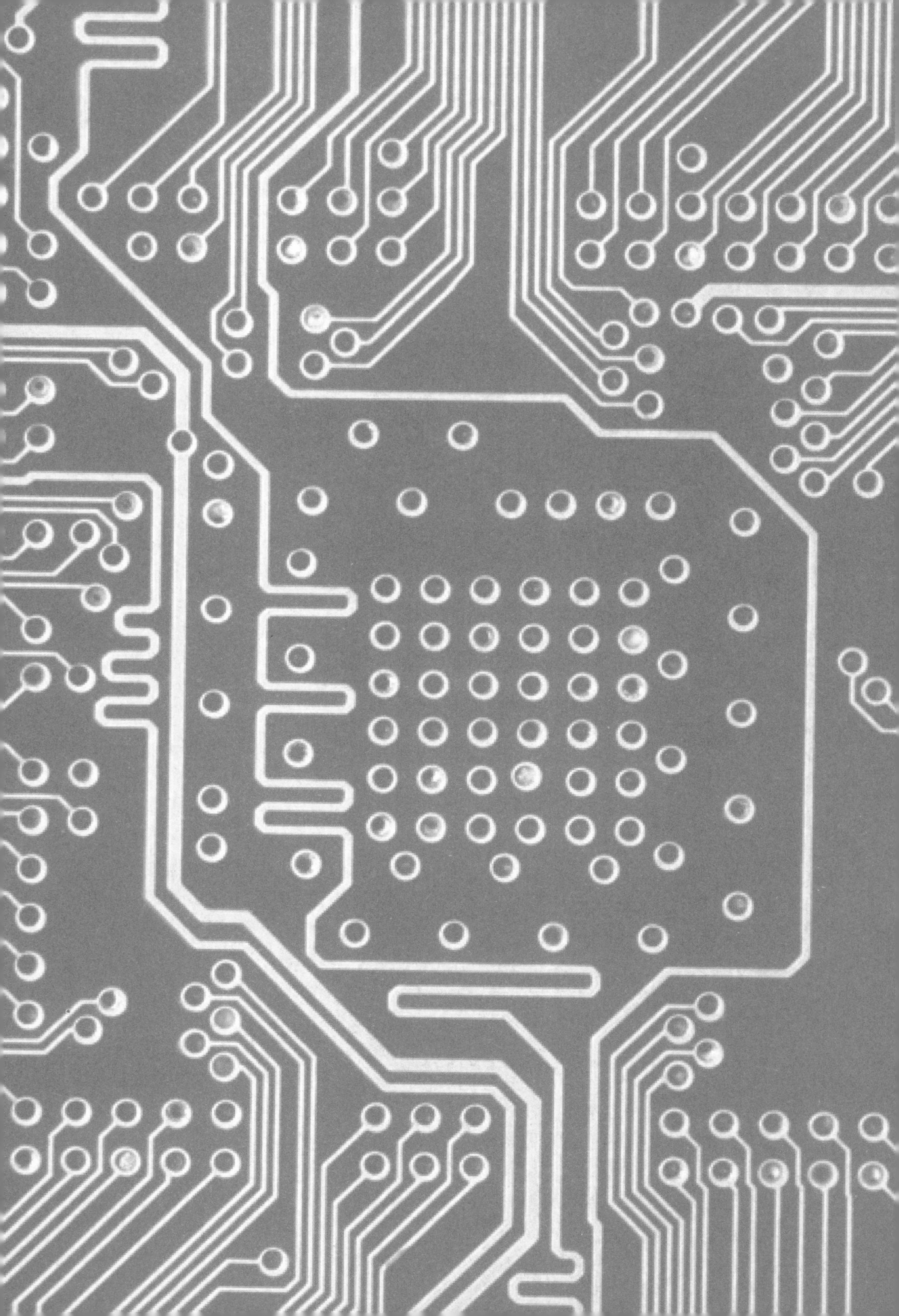

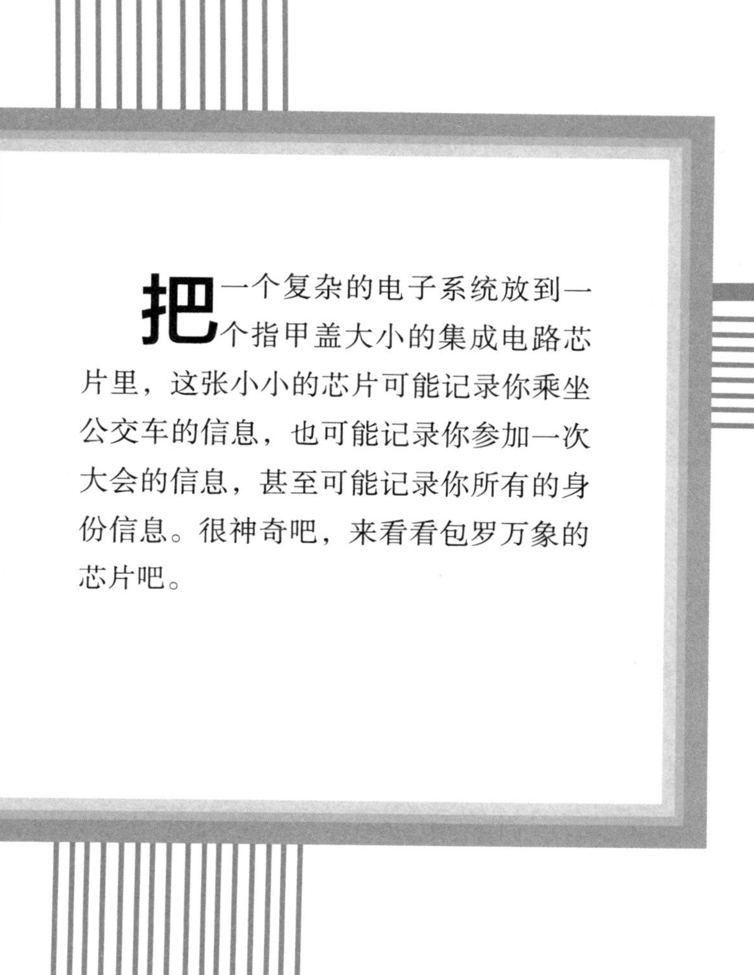

把一个复杂的电子系统放到一个指甲盖大小的集成电路芯片里，这张小小的芯片可能记录你乘坐公交车的信息，也可能记录你参加一次大会的信息，甚至可能记录你所有的身份信息。很神奇吧，来看看包罗万象的芯片吧。

知识导读

什么是集成电路？

芯片可以用到哪些方面？

集成电路的生产线是怎么回事？

集成电路设计需要学习什么专业呢？

在阅读本章内容时，同学们可以先思考一下这些问题。这些问题在你读完本章后，是否能回答？如果读完本章后，你对这些问题还有兴趣的话，还可以上网查询相关知识。

听了刚才邹院士讲的故事，我们知道邹院士是集成电路专家。同学们知道什么是集成电路吗？我们每天用的交通卡就是一个集成电路产品，我们用的身份证、银行卡等里面都有芯片。那么这个集成电路和芯片到底是什么呢？

秦畅

我们常说的芯片，实际上就是集成电路。

包罗万象的芯片

芯片是计算机里最重要的部分
（图片来源：富昱特）

手持射频识别芯片
（图片来源：视觉中国）

计算机里最重要的部分就是它的芯片。我们日常的很多生活物品中都有芯片的身影。除了刚刚提到的交通卡、身份证里有它，我们用的手机、电子表、智能全自动洗衣机、智能电饭煲等等物品里都有它。

如果一块芯片里的集成电路除了存储信息外，还能进行运算，能运行驱动电子设备的电子信号，那么这块芯片就具有处理能力，我们把它叫做微处理器。

构成微处理器的芯片上刻满了图形，每个图形里有着成千的电子开关，这些开关间有非常细小的金属线相连，这些金属线以复杂的方式连在一起。人类通过编程，把指令以数字的形式发送给微处理器，微处理器对指示进行反应，并告诉设备做这做那。

这块芯片具有处理能力，我们叫它微处理器。笔记本电脑里面有微处理器，智能电器里面也有微处理器。
（图片来源：富昱特）

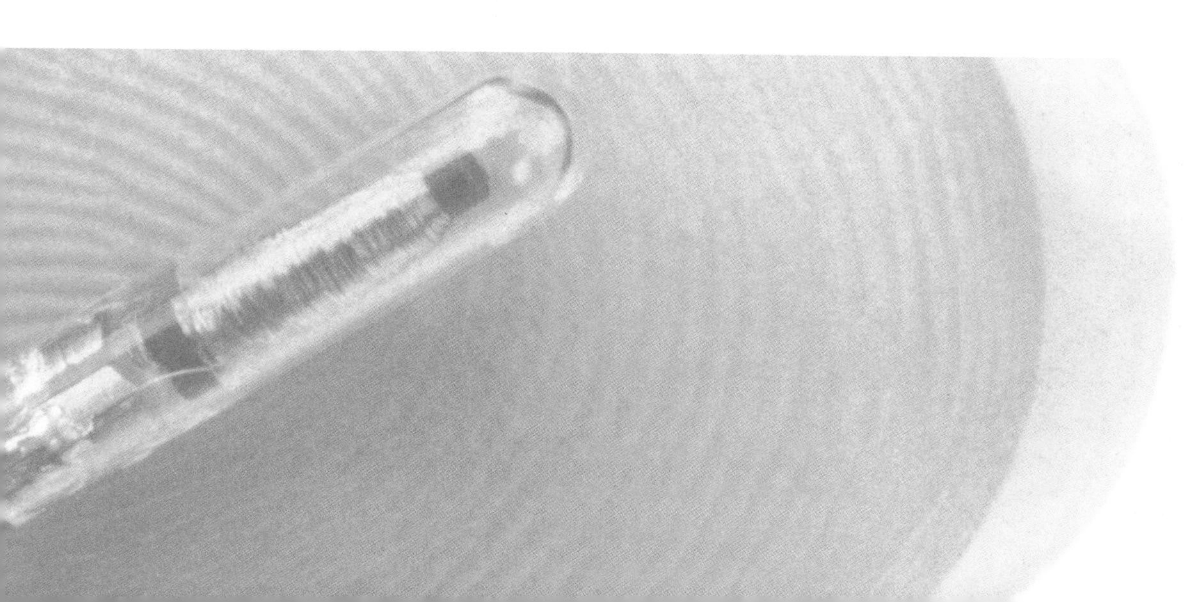

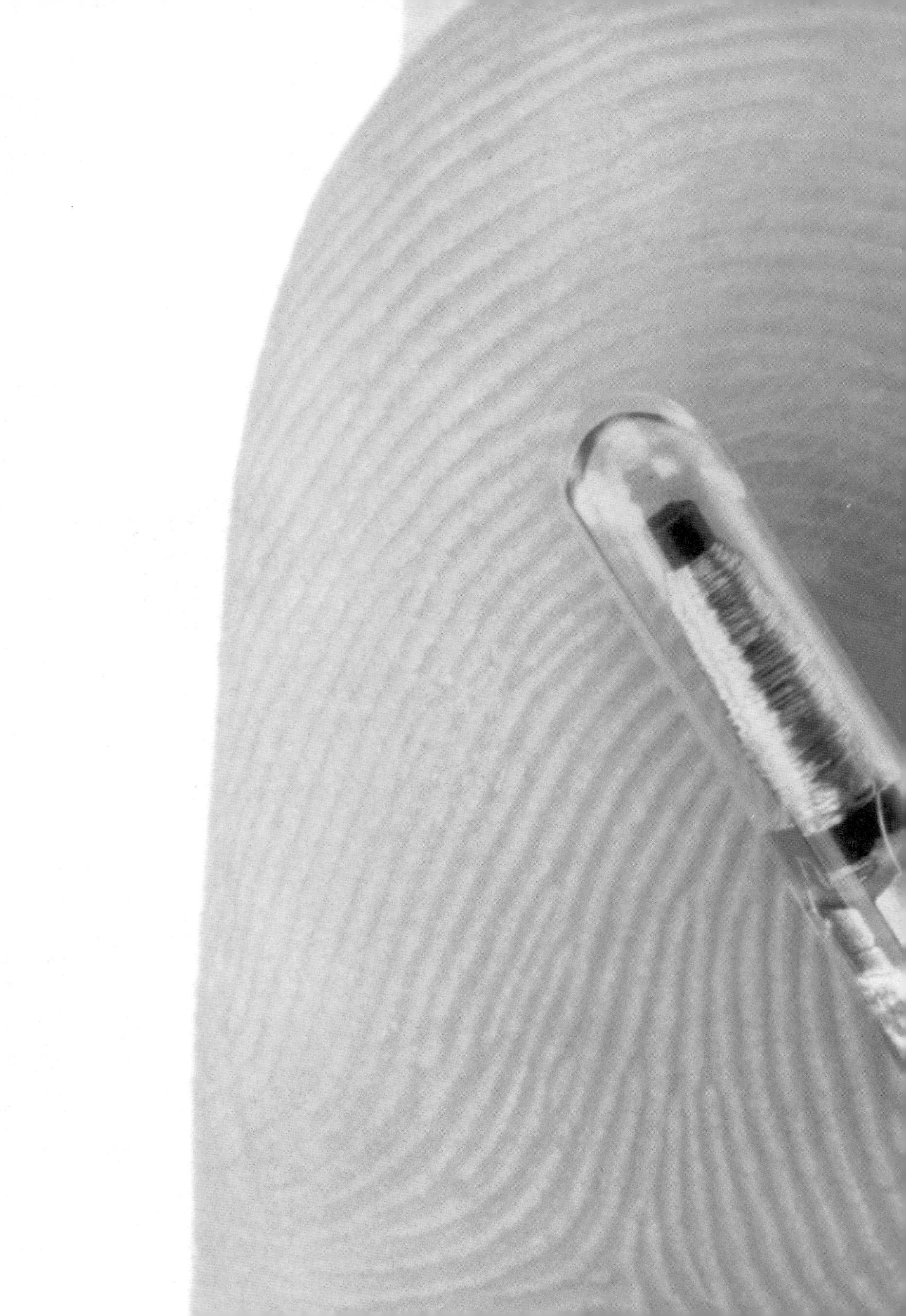

采用几百道复杂的工艺，把一个电路中所需要的晶体管、电阻、电容和电感等元件及布线互连在一起，制作在一小块半导体晶片或介质基片上，然后封装在一个管壳里。这样成型的芯片有时候比手指头还小。

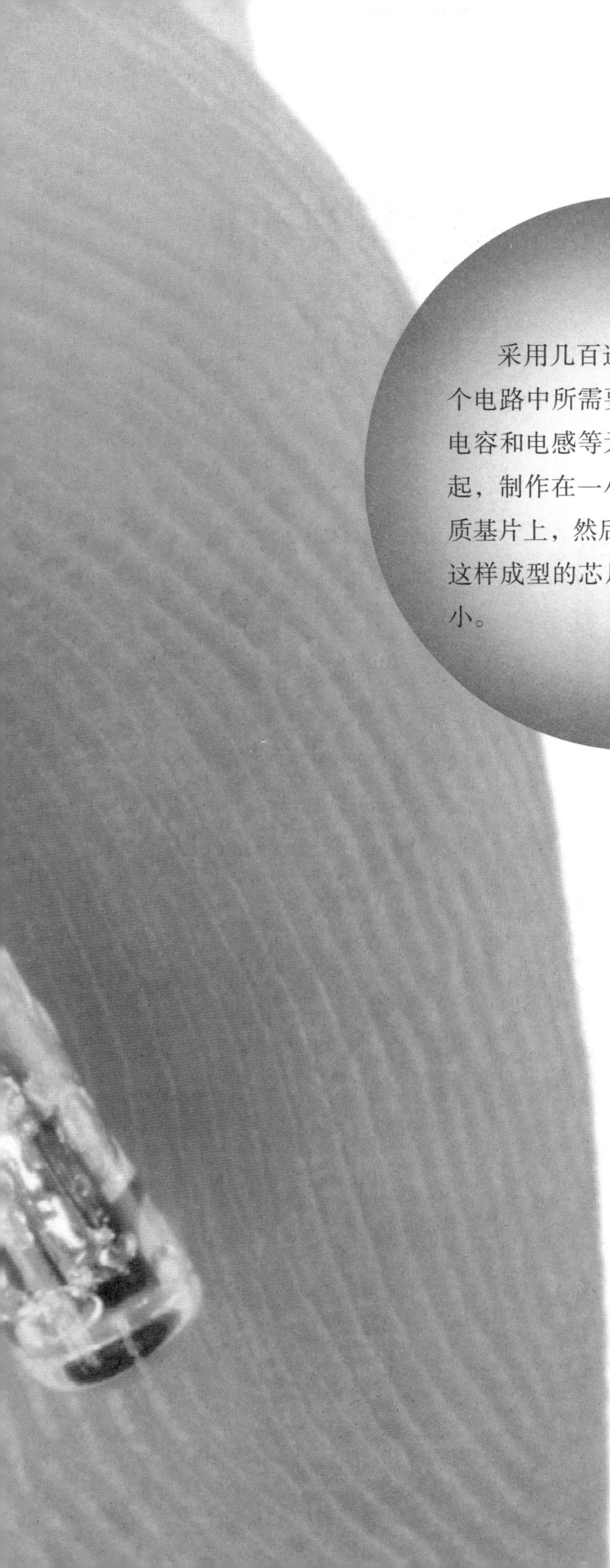

手持射频识别芯片

（图片来源：视觉中国）

交通卡和身份证

交通卡里都有一张芯片，这张芯片记录了充值余额、充值记录、上车时间和历史使用信息。当然，在设计的时候，有的交通卡根据需求还可以添加使用者个人身份等信息。在使用的时候，还需要读卡设备。

在生活中，银行卡和身份证里面也有芯片，都需要通过读卡机读取芯片里面的信息。

现在我们做的芯片，已经直接用到我们生活中的各个方面。刚才讲了交通卡，大家坐公交车、坐地铁可以用，坐出租车也可以用。我们每个人都有一张身份证，这个身份证里面也有芯片，你的照片、各类资料都在里面。一到一个地方需要检查你的身份了，把身份证放到读卡机上去，你的信息就全部出来了。

邹世昌

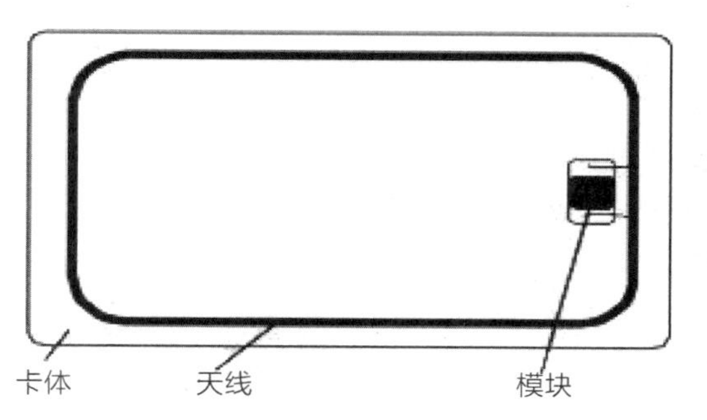

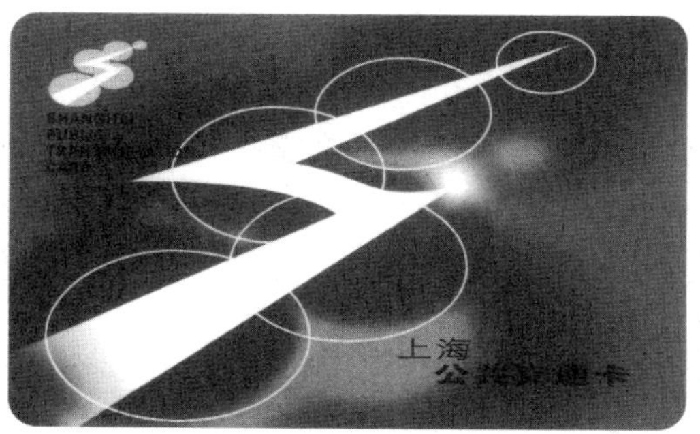

芯片由上海华虹宏力半导体制造有限公司生产

读卡机正在读取芯片上的信息
（图片来源：富昱特）

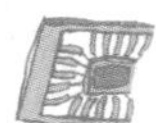

邹院士，要做出一张张小小的交通卡、身份证难吗？

秦畅

邹世昌

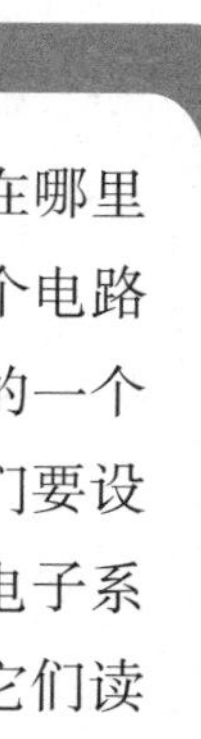

当然说难也很难，说不难也是不难的。最大的难点在哪里呢？是我们需要做一个电子系统，要做成一个电路。这个电路本来是比较大的，但现在我们要把它做到像指甲那么大的一个芯片上面去，这个对技术的要求就比较高了。首先，我们要设计出这样的电路来；其次，我们要用合适的材料把这个电子系统制造出来。交通卡、身份证里的芯片涉及读取信息，它们读取的信息以什么样的方式贮存在那里，这个也是需要我们研究的。所以，小小的芯片后面反映了整个产业链的现状。这里呀，我要先跟同学们讲讲我国集成电路发展的故事了。

艰难的发展，自主设计的梦想

20世纪70年代，我进入了另外一个科研领域，就是半导体材料。为什么说这个呢？因为半导体材料的研究和后面的集成电路的发展息息相关。

你们知道吧，实现集成电路功能的主要硬件是晶体管，把晶体管集成起来，就是集成电路。所以说集成电路的基本单元是晶体管。

制造集成电路芯片的过程非常复杂，可能有几百道工艺，这个我后面再跟同学们详细说，这里大家先有一个概念。归纳起来，集成电路的制造用到四种工艺。第一种工艺是光刻，就是用照相的办法把线路的图形做到硅片上去。第二种工艺叫薄膜。由于半导体集成电路是一层层材料堆出来的，有时要做成绝缘薄膜，有时要做

成金属薄膜用于连线。第三种工艺是刻蚀，就是把图形刻蚀转移到半导体上。第四种工艺是掺杂，把杂质掺到半导体材料里面去。

对半导体材料的研究是发展集成电路的基础。大家知道，半导体有时含有有害杂质，比如铜，这些杂质都是非常有害的。要有一套技术来去除杂质。而有时候又必须对半导体掺杂，要非常精确地控制半导体掺杂分布，才能提高半导体材料的性能。

我国的半导体研究，1965 年就开始起步了，基本上跟日本是同步的。1965 年的时候，韩国、新加坡、我国台湾地区，还什么都没有研究出来。那时，上海的第一块集成电路就是由我们上海冶金研究所和上海元件五厂

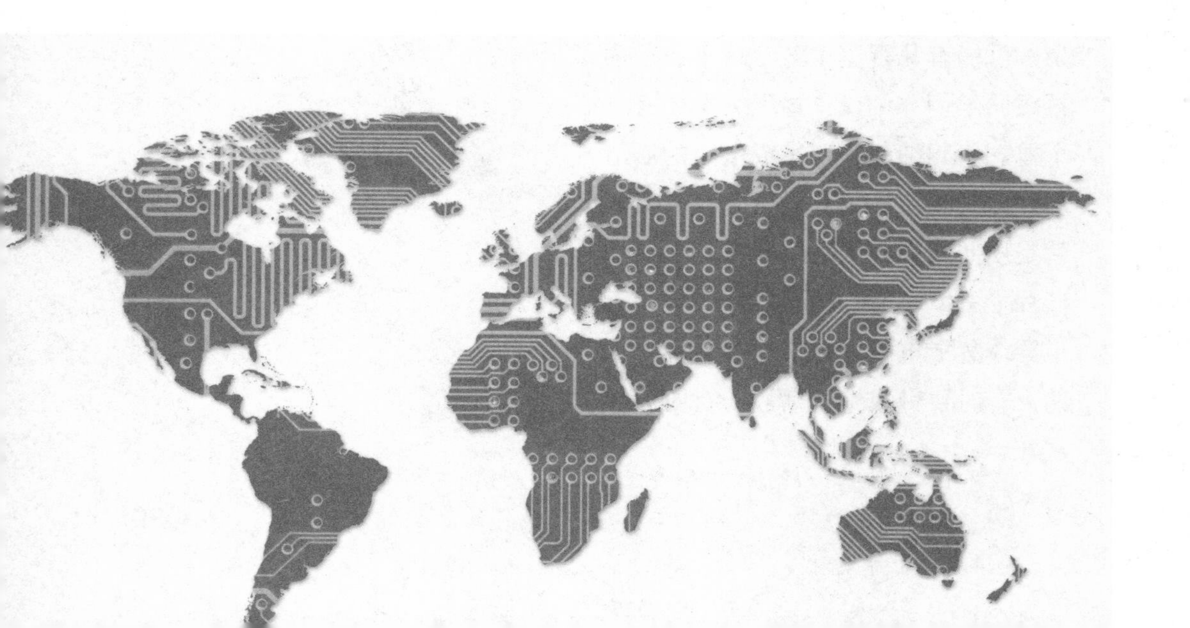

海外半导体产业迅猛发展
（图片来源：富昱特）

合作制造的。

然而，我们虽然有个很好的开头，但此后并没有什么发展。1995 年我去新加坡，发现他们的半导体产业比我国强得多。对于新加坡，我是有思想准备的。回来的时候路过马来西亚，一看马来西亚的半导体产业也比我们先进。晚上我实在是睡不着觉，我想我们中国人这么聪明刻苦，半导体研究开始得这么早，竟然还不如马来西亚。而马来西亚 70% 的人口是马来人，只有 30% 的华人，高新技术主要是靠 30% 的华人研发。我们还搞不过他们，我们怎么交代得过去？

1997 年，我从原来岗位退下来时，正好国家 909 工程要在上海建设 8 英寸的集成电路生产线。领导跟我讲，你身体还可以，能不能帮市里再到浦东做点事情。我

20 世纪 90 年代新加坡、马来西亚、韩国、我国台湾地区的集成电路产业得到长足发展

（图片来源：富昱特）

搞了几十年的半导体科研，却没有看到中国集成电路作为一个规模产业被建立起来，出于这种不甘心，我就答应了领导的要求。

集成电路的研究与制造水平，综合反映了一个国家的科技和经济实力。如果没有掌握这种技术，说明我们还没有掌握信息产业的核心技术。一个电子系统的核心是什么？就是两样东西，一个是硬件即集成电路，一个就是软

电子系统的核心有两样，硬件和软件，电路设计研发是电子系统的心脏
（图片来源：视觉中国）

件，这是电子系统的心脏。我国 80% 的集成电路靠进口，媒体总爱说我国是电子制造大国，我的看法是制造大国要带个引号，实际上我国是个电子组装大国，而不是一个制造大国。我们使用的大大小小的电子产品，其中的关键部分都不是中国制造的，而是从国外进口的。我们做的是把国外的组件组合装配，有的产品说得难听一点，是贴个牌子就完事了。这种状态是很危险的。如果不能自己开发设计电路，不掌握这个内容核心，只是组合装配，这怎么能叫制造大国呢？要真正成为制造大国，核心组件必须由我们自己造，必须把中国的集成电路产业搞上去。

这几年国家采取了措施，发展集成电路产业。上海这几年发展可能稍微快一点，但怎么把这些集成电路生产线利用起来，来解决我国电子工业的核心竞争能力的问题呢？现在上海已经形成了从设计、制造到封装测试的集成电路公司构成的产业链，但是还没有把产业链各个环节连接起来。国内芯片制造线大部分是为国外设计公司代加工芯片，利润主要是外国人的。国内要用的集成电路 80% 以上都要从外国进口，我们做的芯片有的到外头转一圈又回来了。为什么不能把它连接起来呢？一个比较关键的问题，就是要我们自己来设计国内要用的集成电路，根据系统的要求，根据它的功能，经过数字模拟，变成线路和版图，再加工成为芯片。

要发展集成电路设计业需要大量年轻的工程师，包括计算机专业的、微电子专业的、软件专业的、通信专业的。同学们，如果你们中间有人对设计感兴趣，你们可以往这个方向

发展。

希望同学们可以继续攀登，经过几代人的努力和奋斗，我们科技强国的梦想一定会实现。

（图片来源：富昱特）

聚焦实践

在这一章里，邹世昌院士给同学们讲了集成电路，讲到了日常生活中有许多常见的物品其实就是一个小小的集成电路产品，比如世博会的门票、交通卡以及身份证。

交通卡

芯片由上海华虹宏力半导体制造有限公司生产

世博会门票

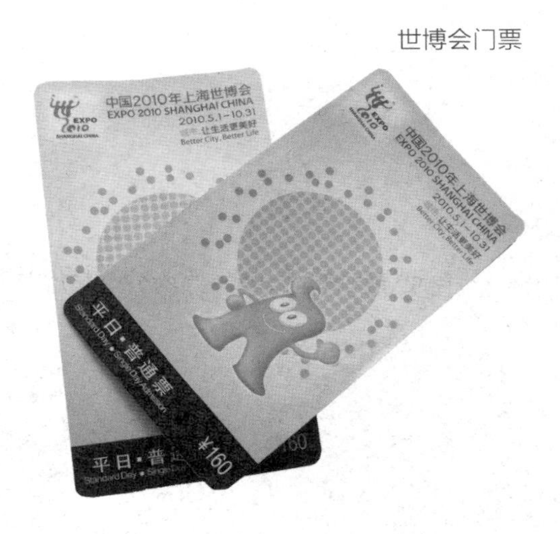

那么让我们从实践中体验一下，这些带有集成电路的芯片到底有什么用呢？

说一说身边的集成电路产品，在下面的方框里把你知道的集成电路产品写（画）出来吧！

同学们，你们可以拿着一张交通卡进入地铁站，刷一下卡，看看显示屏上显示了什么信息，出站时，再刷一下卡，观察一下显示屏上出现了什么信息。再自己思考一下，一个城市的地铁公司一般会发行多少种交通卡，使用一次的交通卡和多次使用的交通卡，以及实名制使用的交通卡在信息记录上会有什么不同。最后上网查询相关资料，把自己的思考写下来。

同学们，在这一章里，邹世昌院士提到**要发展集成电路设计业需要一批有专业学科知识的年轻工程师**。像通信专业、微电子专业，这些专业是你们在大学里才能读到的，虽然要理解这些专业对你们来说有点难，但我们还是可以先做一点了解的。你们可以在网上查一查，目前，我国的高等院校中，有哪些学校开办了微电子专业。如果你想以后学习这方面的知识，就自己先动手了解一下吧。（提示：可以在网上搜索华东师范大学微电子专业）

华东师范大学思群堂
（摄影：崔楚）

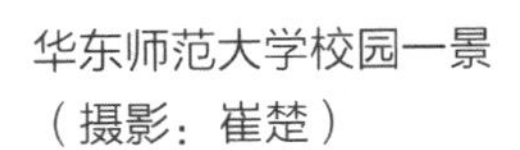
华东师范大学校园一景
（摄影：崔楚）

我查到的微电子专业

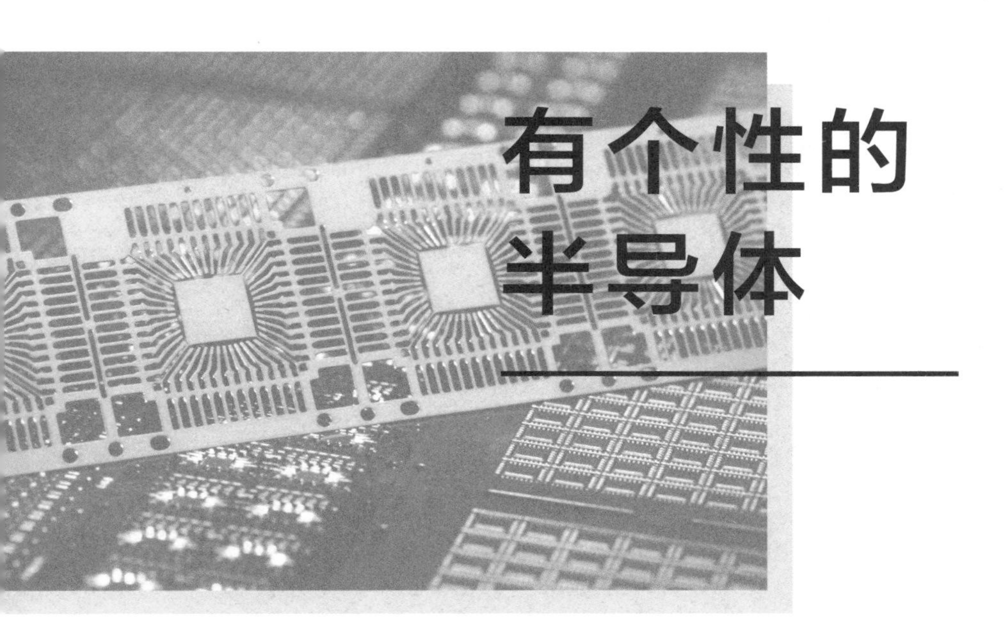

有个性的半导体

半导体是一种导电性可受控制，可以从绝缘体至导体之间变化的材料。半导体最大的价值是其导电性能够通过外部条件的改变而改变。

半导体在什么情况下导电，什么情况下不导电？

半导体会不会因为气温的变化，导电的状态随之变化？

半导体的元素和其他的元素混在一起，能合成新的元素吗？

在阅读本章内容时，同学们可以先思考一下这些问题。这些问题在你读完本章后，是否能回答？如果读完本章后，你对这些问题还有兴趣的话，还可以上网查询相关知识。

前面邹院士介绍了这么多，我觉得制造芯片是一件很有难度的事情，芯片到底是用什么做成的，里面还有电路，这得多复杂啊，电路里面的电又是怎么产生的，同学们，你们没有问题吗？我是有一肚子的问题的，我特别想听听这方面的知识。

秦畅

学生

刚才提到制造芯片要用半导体，半导体是什么，它为什么会导电？

这个同学问得很好，在理解芯片作用之前，我要先跟同学们说说半导体这种很有个性的材料。我们正是利用了半导体的特性来制作电路的。

邹世昌

硅晶圆片，制造芯片的材料
（图片来源：视觉中国）

半导体的特性

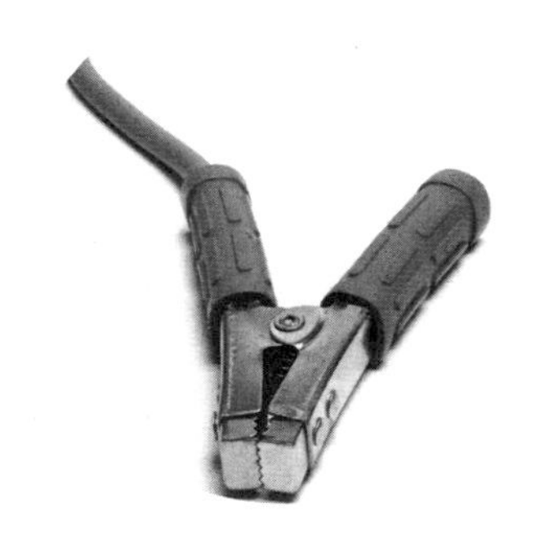

电线夹，金属部分是导体，
外面包了一层绝缘体
（图片来源：富昱特）

我们常见的材料有两种，一种是导体，像铜、铁，电流会从中通过，这个同学们很好理解。有的电线里面用的就是铜丝，因为铜这种材料是导体，它能导电。还有一种常见材料是绝缘体，它不导电，比如皮革、木头，这些是不导电的，我们的电线外面包的一层塑料皮就是绝缘体，我们摸上去，不会触电。

那什么是半导体呢？顾名思义，半导体就是有时候导电，有时候不导电的一种材料。这种材料是不是非常有个性啊？

我们把这一类导电特性处于绝缘体至导体之间的材料，如锗、硅、砷化镓、一些硫化物、氧化物等物质构成的材料称为半导体。

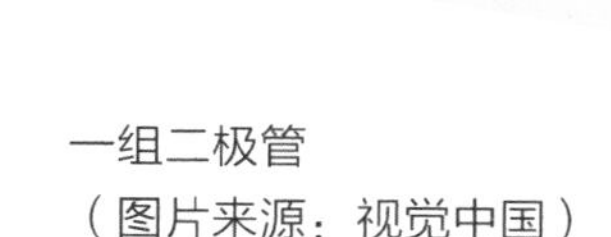

一组二极管
（图片来源：视觉中国）

纯净的半导体导电能力并不强，但是随着外部条件的改变（温度、光照或掺杂等），半导体的导电能力就会发生变化。比如，当它受到热、光作用时，导电能力明显加强，这是一类具有热敏性或光敏性的半导体。而往纯净的半导体中掺入某种杂质，也会使它的导电能力发生改变，这是半导体掺杂。

我们用半导体材料来做什么呢？就是通过一定的工艺过程把它做成晶体管。

半导体集成电路的功能主要是靠晶体管实现，而晶体管的功能实现靠的是 PN 结。什么是 PN 结呢？

这可以简单跟同学们讲述一下。

最常用的半导体材料是硅（Si）。它是四价元素，也就是说，它的原子核最外层有四个电子。

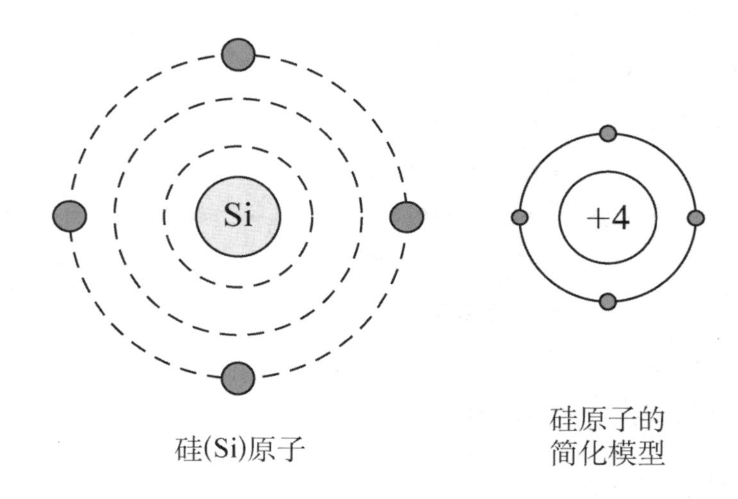

硅(Si)原子

硅原子的简化模型

经过提纯的单晶硅材料，内部的晶体结构相对稳定，相邻的原子之间，一个原子最外层的一个价电子与另一个原子最外层的一个价电子组成了电子对，这一对价电子是这两个相邻原子共有的，它们把相邻原子结合在一起，构成了共价键。

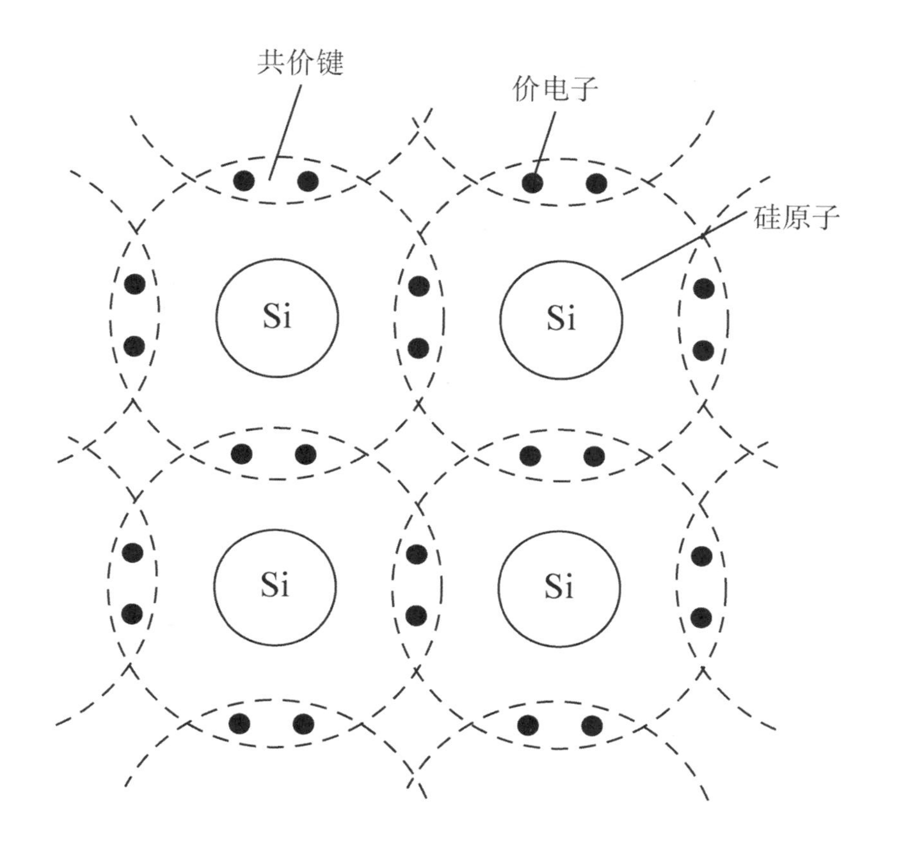

两个硅原子共用一对价电子，形成共价键结构

这种硅原子内部的共价键结构相对稳定，这时的电子就好比被关在笼子里的小鸟，它跑不出去。电子老老实实呆着，受到物质结构的束缚，这是束缚电子。但有的电子太调皮了，不肯老老实实呆着，笼子也关不住它，它会跑出来，跑出来的就是自由电子。那么它原来呆的地方呢，就空出来，成了一个空穴。当然，跑出来多少电子，就有多少空穴，空穴和自由电子的数量是相等的。

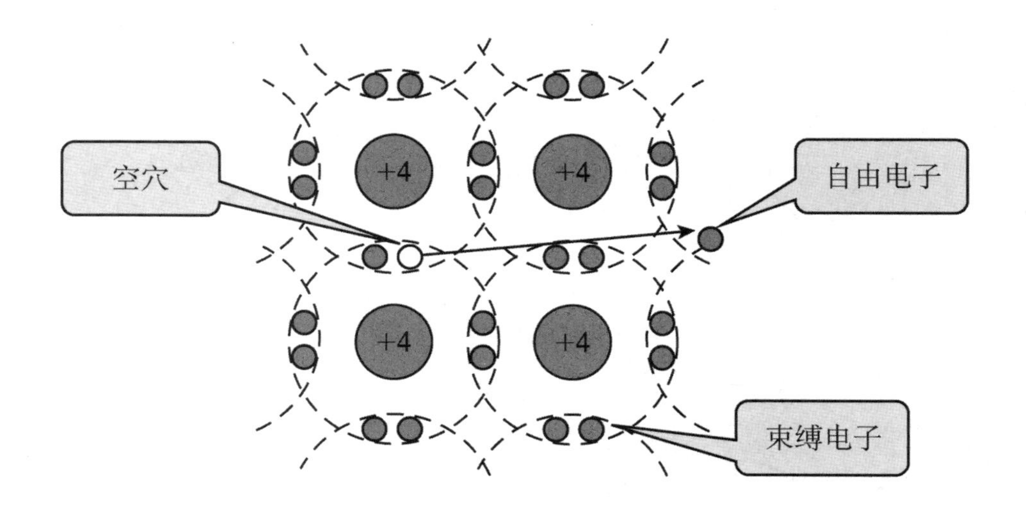

通常情况下，电子也好，空穴也好，它们都是好好呆着的，可是这个时候，我们给半导体一些外部的影响，比如给它加温，温度高了一点，这时可能空穴就吸引了临近的电子来填补，在这个过程中，电子就流动了起来，这就有了电流。

我们为了让这种电流更稳定、更可控，可以人为地做一些改变。我们在这种半导体中掺入杂质，让它的导电性发生显著变化，我们掺入杂质让自由电子浓度增加，这叫 N 型半导体。比如，加入一个五价元素原子，如磷，它比硅原子要多出一个电子，它让硅原子接受一个电子，这叫施主。

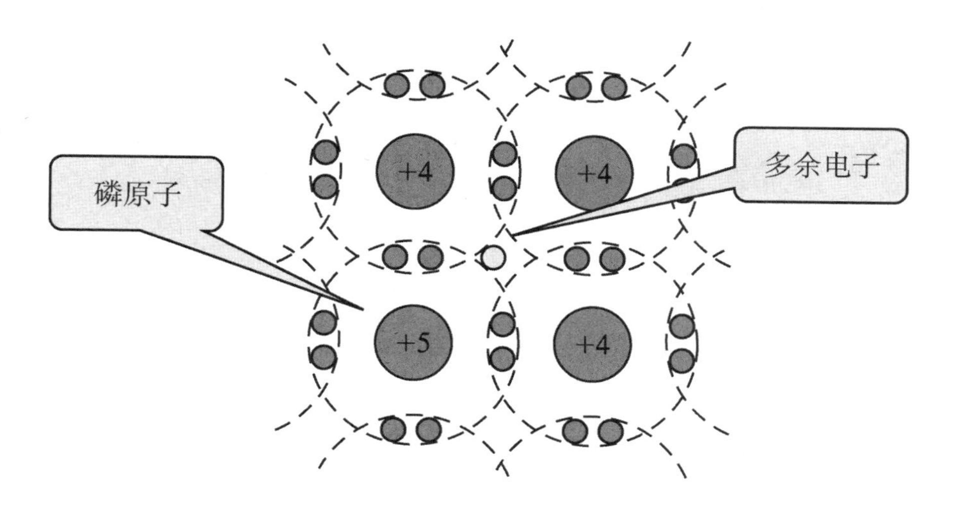

在硅原子中加入磷原子，使它有了多余电子

我们也可以掺入杂质让空穴浓度大大增加，这叫P型半导体。比如，把三价元素硼原子掺进去，等于从硅原子上拿去一个电子，这叫受主。

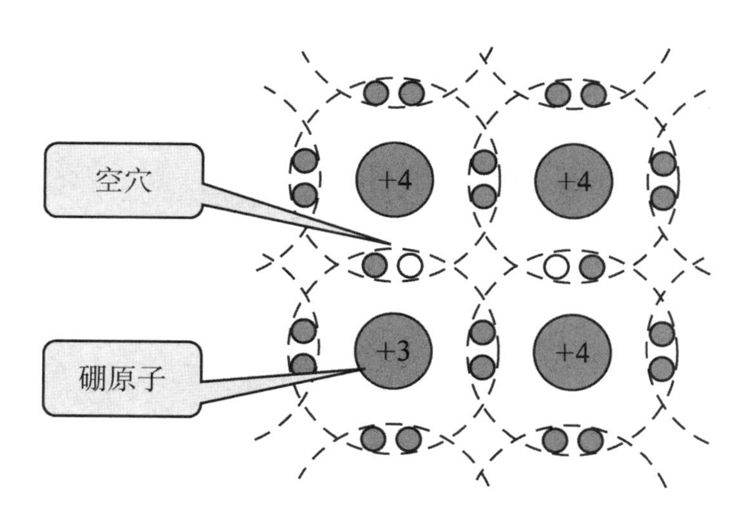

在硅原子中加入硼原子，使它有了多余空穴

把两种不同掺杂的半导体放在一起，就成了 PN 结。在 PN 结上加上引线、管壳并进行封装，可以制成各种晶体管。

电子向空穴移动，形成电流

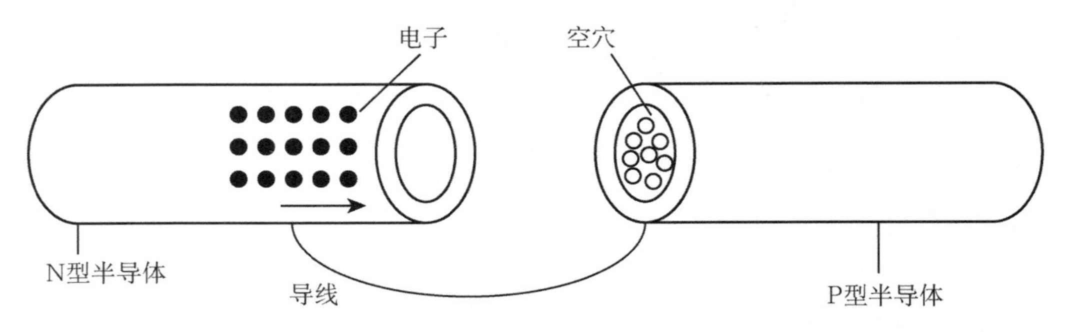

用于电子电路的基本半导体元件
（图片来源：视觉中国）

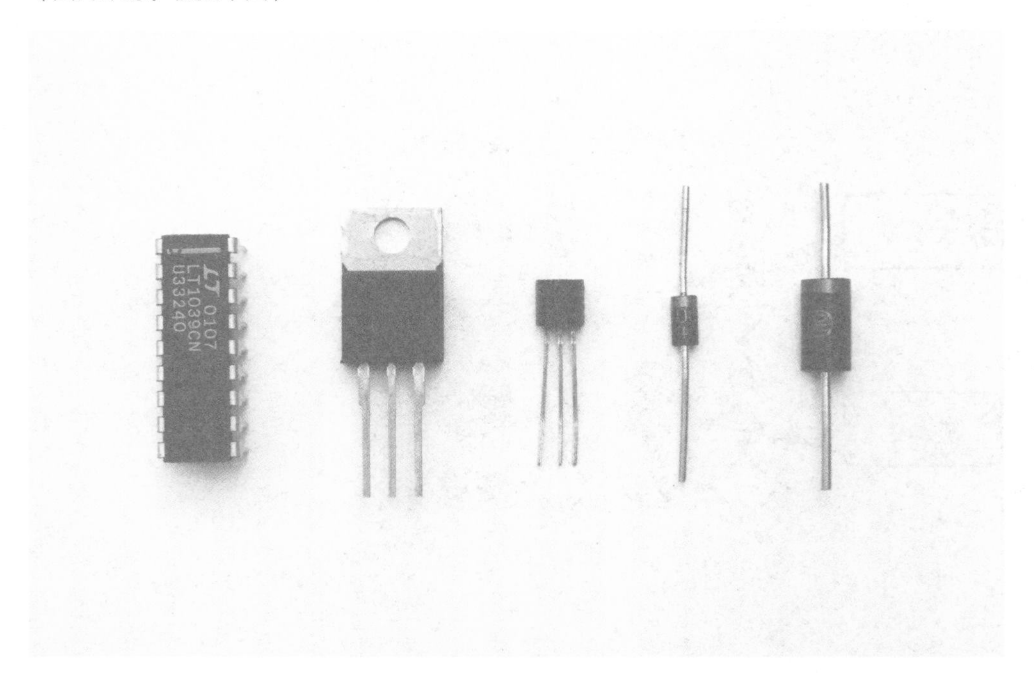

半导体的最大特色是它的导电性是可以人为控制的，那么做出来的晶体管当然就是利用了半导体这个特性。通过改变外部条件（例如外加电压的大小）就能使晶体管开启或关断。

现在技术高速发展，工艺越来越精良，晶体管的形式当然越来越多，最终形成的芯片产品也是五花八门，并且越来越精密。

结合前面的内容，我们可以简单地总结一下有关集成电路研究的逻辑路径。我们用半导体材料如硅、砷化镓等来制作晶体管 PN 结，通过半导体制造工艺，把这些不同功能的大量的晶体管（可能上亿个）做成具有各种功能的电路，这些电路能完成各种指令。这就是集成电路。随着现代工艺的进步，集成电路越来越复杂，体积越来越小，最终的产品形态是各种各样的芯片。这就是我们今天各行各业都在使用，都离不开的芯片。

我国生产的芯片

形形色色的芯片（图片来源：富昱特）

同学们，这看似简单的几个环节，其实凝聚了我们好几代科学研究者的心血。芯片的生产和制造是依靠大量的科学研究来支撑的。

而我研究的一个主要方向就是怎么把杂质掺到半导体里，这是半导体最核心的技术之一。

我已经听晕了。同学们，你们听懂了吗？其实学习还有个聪明办法，如果有什么不明白的，你们可以上网查询。如果上网查询后还是不明白，我建议你们也别急，把这些问题放进脑袋里，以后学的知识多了，再回过头来考虑。

海波

对，如果同学们对半导体的知识感兴趣，以后可以去学材料学这个专业。

秦畅

半导体会不会因为气温的变化，导电的状态随之变化呢？

学生

半导体会不会因为气温的变化，导电的状态随之变化呢？

温度是半导体导电状态发生变化的一个很重要的因素。当它受到热作用时，导电能力发生明显变化，这是一类具有热敏性的半导体。

我们有时会利用温度特性来设计半导体器件，实现开关等功能。有时候，我们又需要通过特别的方法抑制温度变化对晶体管带来的负面影响。

半导体的元素和其他的元素混在一起，会合成新的元素吗？

学生 

半导体的元素和其他的元素混在一起，会合成新的元素吗？

元素的混合通常不会形成新的元素，除非发生衰变、裂变、和聚变等等核反应。有时需要有意加入杂质到半导体中，例如将磷或硼掺入硅中以形成前面提到的施主和受主，这个过程不会产生新的元素，只会有电子在不同元素的原子间运动。

同学们，邹院士在这一章里讲到了半导体材料，讲到了从半导体材料的研究到最终做出芯片的研究路径。从基础的材料科学研究到最终的产业化，是一条需要年轻人去奋斗的路。你们读完本章之后，再回头看看本章开头提出的问题，这些问题你能回答了吗？你能理解了吗？

如果你还不是很清楚，没有关系，可以上网查询相关内容。这里需要提示的是，材料学是很多大学特别是工科类大学的基础学科。如果对本章内容感兴趣的同学，你们可以上网查询工科类大学的材料学专业，看看到底需要学习什么知识，去试试吧！

查一查　　材料科学与工程学院

很多工科类大学设立了材料科学与工程学院，比如东南大学设立的材料科学与工程学院包含了土木工程材料、电子信息材料、金属材料、材料加工工程这四个系科。这些工程类专业既注重理论教学，又强调科研转化。我们国家的产业水平的提高，既要依靠科学研发的创造力，也要努力把科研成果转化成生产力。同学们，为科学建设奋斗是一个很大的目标，你们可以想想，如果自己要成为科研建设的一员，该怎么来努力呢？在下面的方框里，你可以写下你的梦想，也可以写下你心仪的大学。来为自己设个小目标吧！

查一查

芯片的生产线

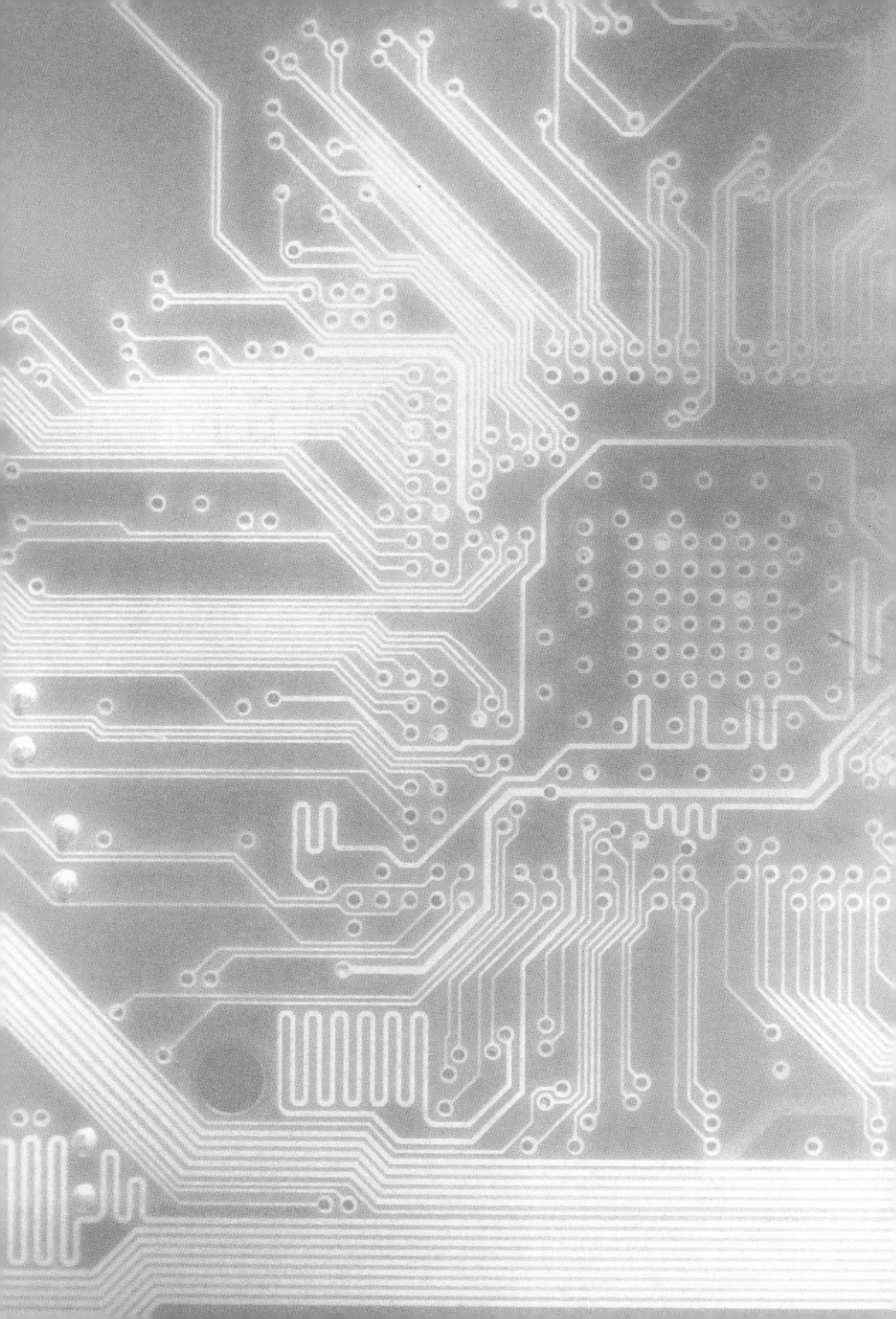

芯片在我们生活中的方方面面都能用到，那么我们怎么样才能制造出芯片来呢？芯片的生产线到底是什么样子的呢？

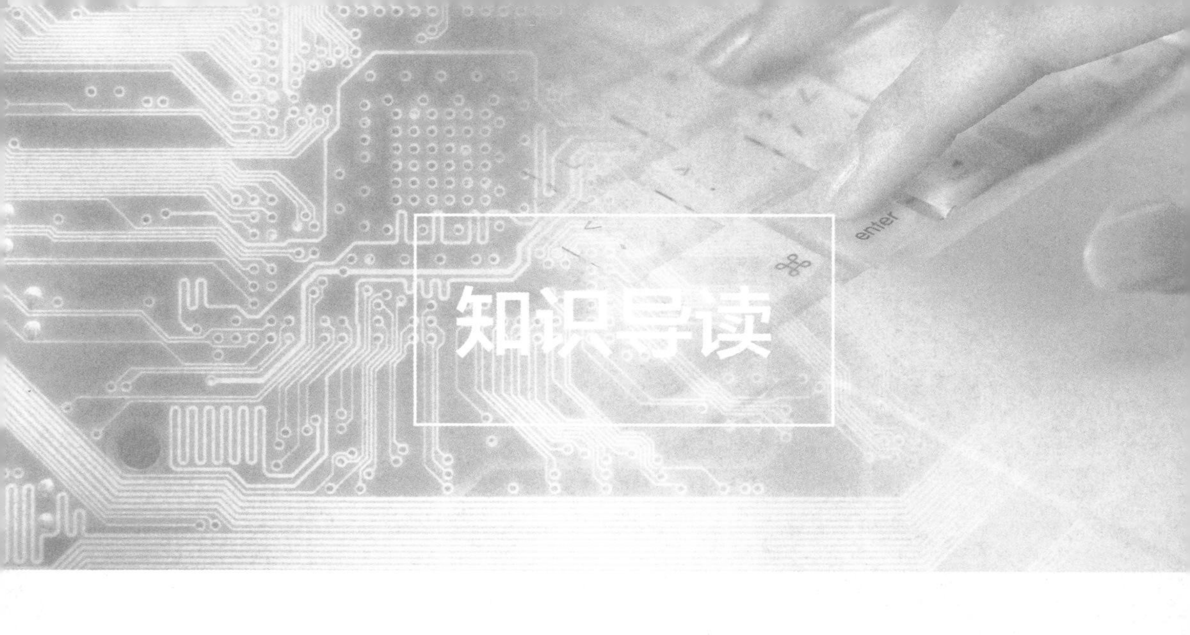

知识导读

芯片是怎么生产出来的？

芯片的生产过程有哪些要求？

芯片在使用过程中需要注意什么？

在阅读本章内容时，同学们可以先思考一下这些问题。这些问题在你读完本章后，是否能回答？如果读完本章后，你对这些问题还有兴趣的话，还可以上网查询相关知识。

芯片简直是无处不在。

海波

对呀，现在衣食住行都离不开芯片了。

秦畅

学生

我们想问问，芯片是怎么生产出来的?

技术人员正在制作电子线路板
（图片来源：视觉中国）

芯片的生产过程

说到芯片这个行业，其实它是一个产业链。我们生产芯片主要考虑解决两个方面的难题。第一要紧的是芯片设计。怎么把一个电子系统,变成一个小块的集成电路,这个电路还要具备一个大型的电子系统的功能。这个芯片设计是一个了不得的事，没有芯片的设计，制造能力再强也没有用。就好比造房子，没有设计师，怎么搭得出房子来呢？第二，芯片设计出来后，要考虑怎么把这么复杂的电路，做到指甲大小这么一个硅片上面去，这就是我们讲的芯片制造。芯片制造好以后，还要封装，封装就是前面我讲的，把它封装在一个塑料块里面，把它保护起来，所以芯片生产本身就是一个很多行业的综合。

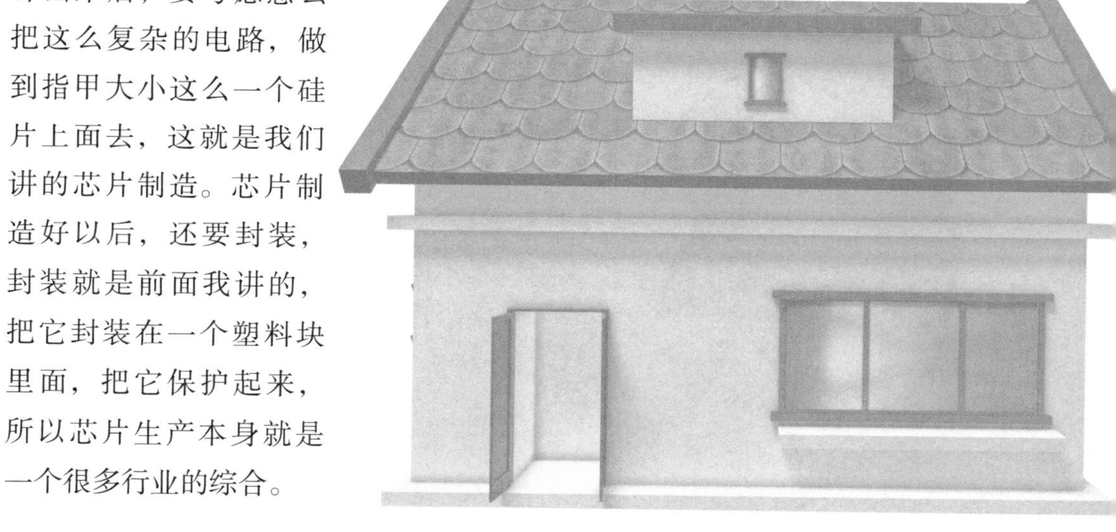

芯片的制造过程好比造房子，先要有好的设计师（图片来源：富昱特）

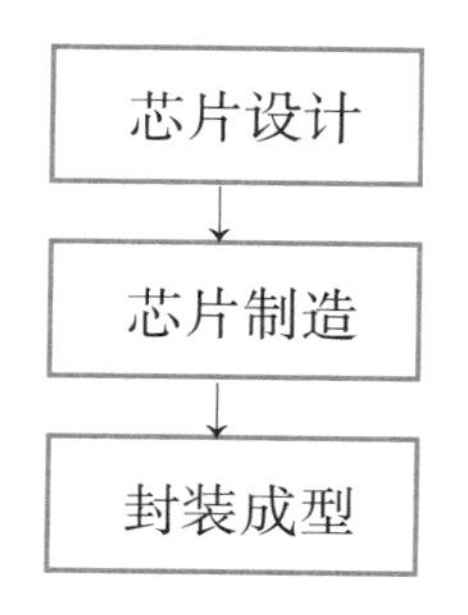

芯片生产的简略过程

芯片设计

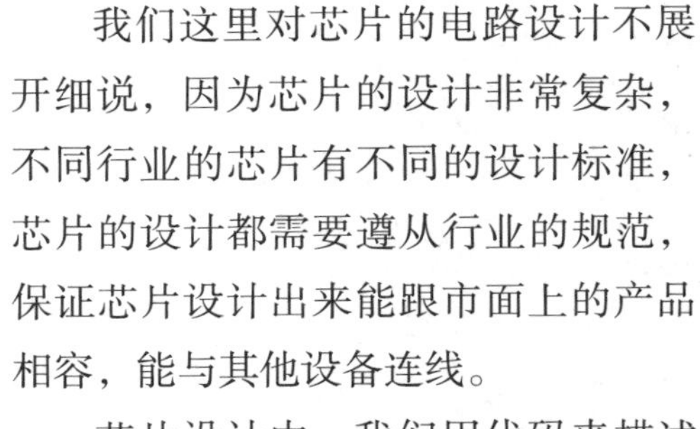

我们这里对芯片的电路设计不展开细说，因为芯片的设计非常复杂，不同行业的芯片有不同的设计标准，芯片的设计都需要遵从行业的规范，保证芯片设计出来能跟市面上的产品相容，能与其他设备连线。

芯片设计中，我们用代码来描述硬件电路的功能，现在使用比较多的是 HDL 语言。这是什么意思呢？同学们其实很多已经知道计算机编程，这种 HDL 语言就是一种计算机程序语言，人们把电路、元件以及它们之间复杂的逻辑关系用计算机能处理的数字语言来表述。

```
// Verilog Example
    // User-Defined Macrofunction
    module reg12 ( d, clk, q);
    `define size 11
    input [`size:0]d;
    inputclk;
    output [`size:0]q;
    reg [`size:0]q;
```

```
always @(posedgeclk)
q = d;
endmodule
```

这就是一段简单的 Verilog HDL 程序。

为了方便设计者使用，人们还开发了一些软件工具，用来把这种数字语言编写的电路程序翻译成人们好理解的逻辑电路。因为，芯片的设计任务往往由多人、多个团队来承担，把不同人编写的代码用软件工具转化成更好懂的逻辑电路图，能方便修改设计。

比如用 EDA 软件工具，帮助设计师将程序代码转换成逻辑电路，方便理解。

芯片设计
（图片来源：视觉中国）

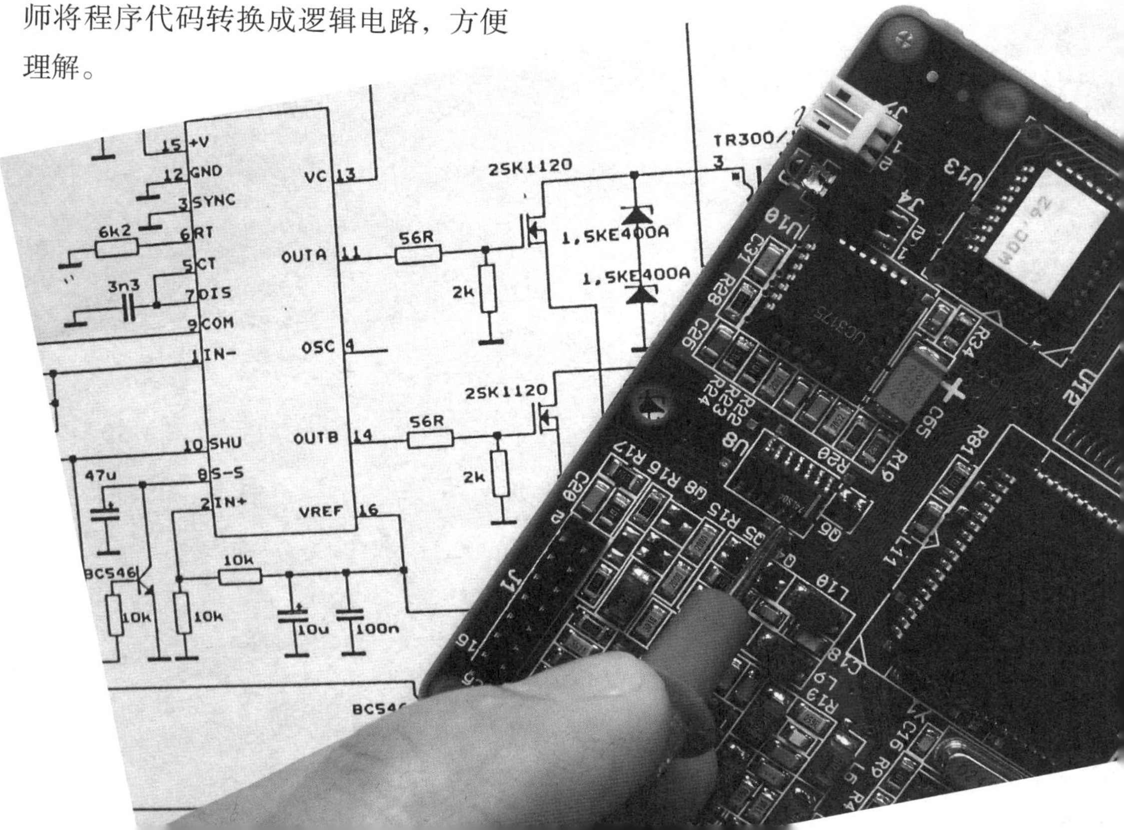

这样设计师就能非常方便地用程序来编写数字电路，用软件来翻译数字电路，边设计、边修改，设计出具有各种功能的芯片电路。

芯片制造

对于一个芯片来说，电路很复杂，通常不是一个电路能解决的，有时候要像搭乐高玩具一样，一层一层地布局电路和连线，要经过反复的测试和

晶圆上的电路图，一个芯片可能是由多层电路构成的（图片来源：视觉中国）

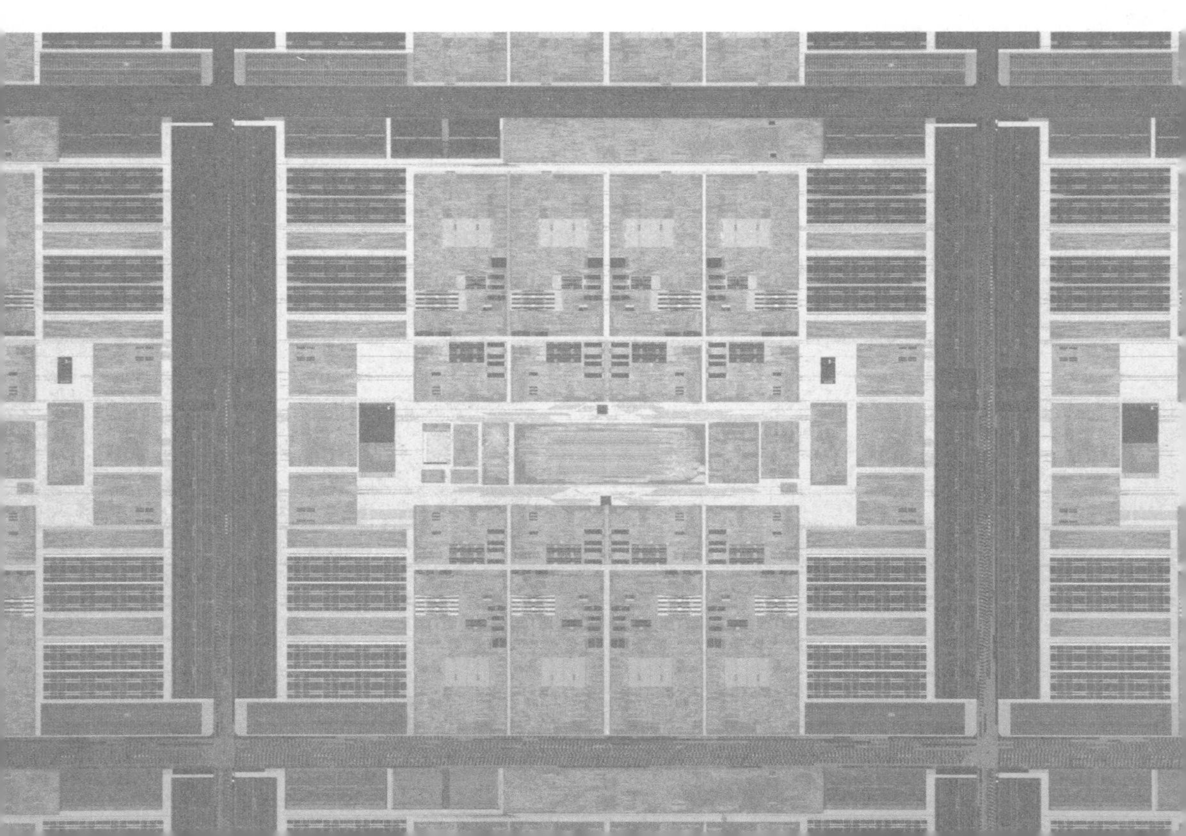

像搭乐高玩具那样，一层一层设计电路
（图片来源：富昱特）

修改，才能完成一个芯片电路设计。把设计好的电路做出来，实现设计功能，这是芯片制造。

芯片有很多种，制作工艺也很多，其中 CMOS 工艺是芯片制造最基础、最重要的工艺。CMOS（Complementary Metal Oxide Semiconductor）全称是互补式金属氧化物半导体，CMOS 既指制造大规模集成电路芯片用的一种技术，也指用这种技术制造出来的芯片。这里，我们以最基础的 CMOS 工艺为例，简单讲述一下芯片的制造过程。

芯片的制作过程示意图

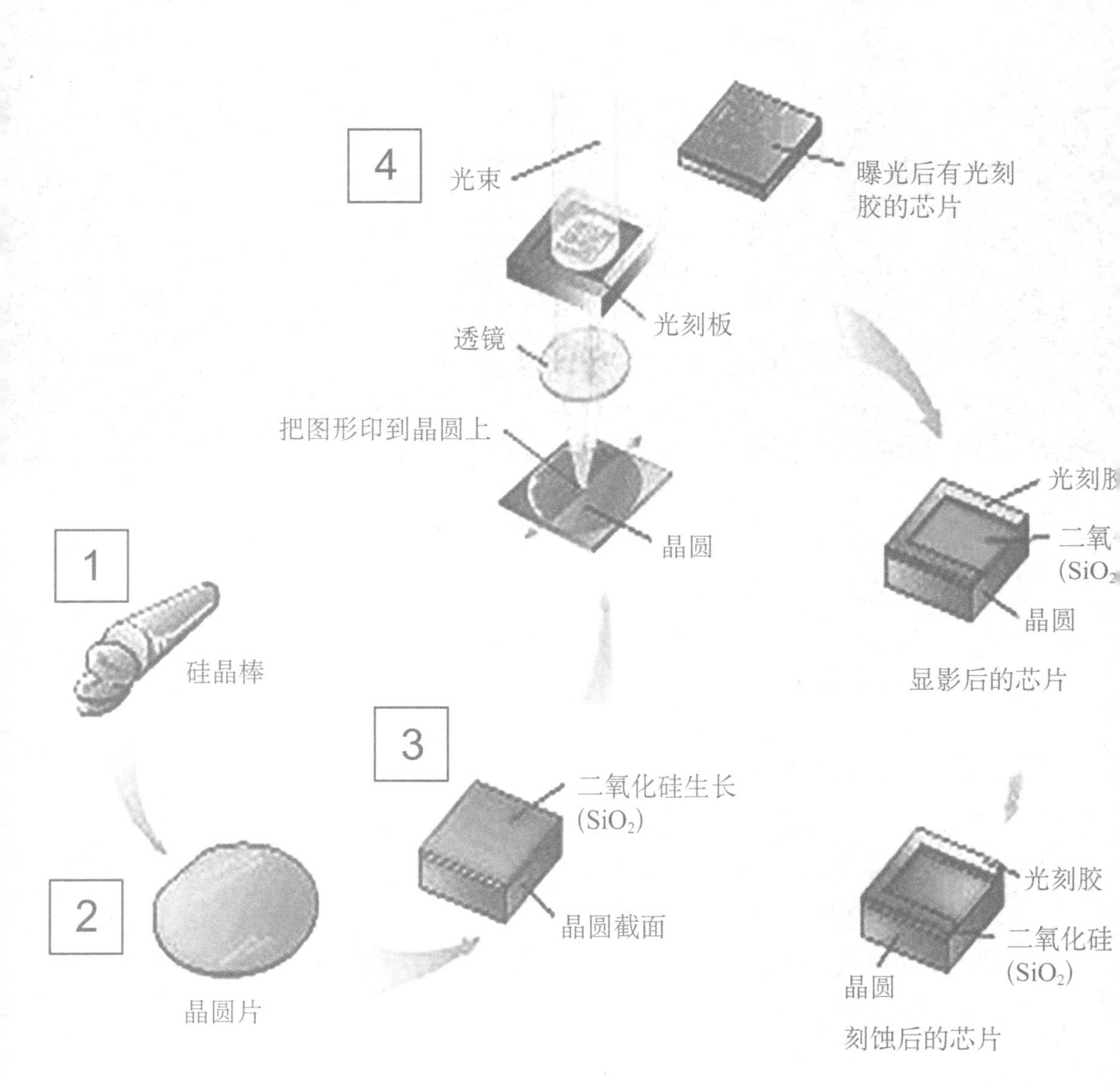

1
硅晶棒
2
晶圆片
3
二氧化硅生长
(SiO_2)
晶圆截面
4
光束
曝光后有光刻胶的芯片
光刻板
透镜
把图形印到晶圆上
晶圆
光刻
二氧
(SiO
晶圆
显影后的芯片
光刻胶
二氧化硅
(SiO_2)
晶圆
刻蚀后的芯片

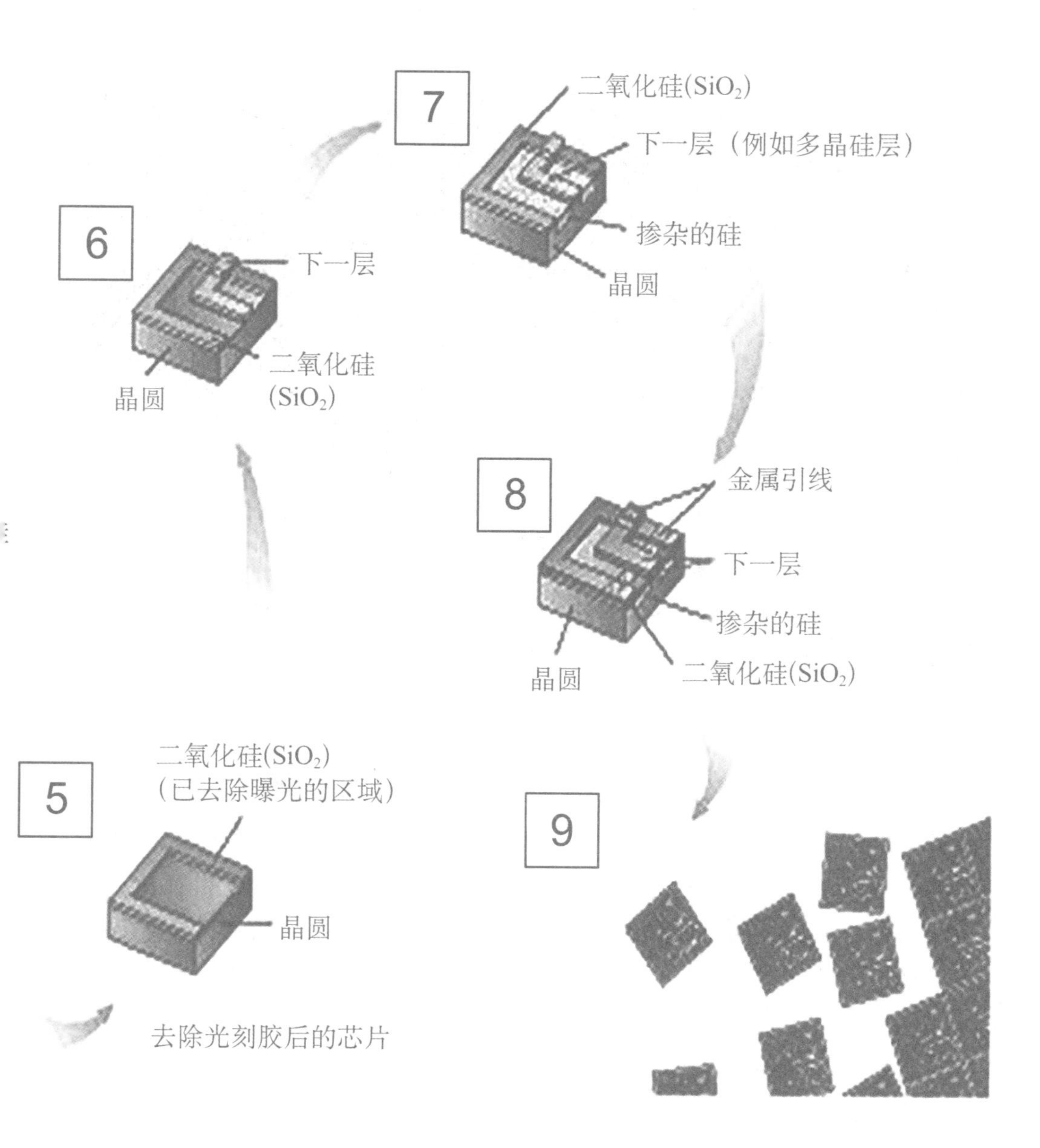
7
二氧化硅(SiO_2)
下一层（例如多晶硅层）
掺杂的硅
晶圆
6
下一层
二氧化硅
(SiO_2)
晶圆
8
金属引线
下一层
掺杂的硅
晶圆
二氧化硅(SiO_2)
5
二氧化硅(SiO_2)
（已去除曝光的区域）
晶圆
9
去除光刻胶后的芯片

在芯片的生产过程中，最先做的是选择芯片生产的原料，把高纯度硅晶棒切片制作成晶圆。

制作芯片的材料晶圆
（图片来源：视觉中国）

在晶圆上生长介质薄膜，如芯片的制作过程示意图中第 3 步，使晶圆表面生长一层 SiO_2。然后，对晶圆进行光刻、显影、刻蚀，如示意图中第 4 步。这几道工序在实际生产过程中会根据设计要求反复操作，将芯片的设计图一步一步做到芯片上。这是一个非常复杂的工序，不是一步就能完成的。

在具体的生产过程中，还有一步非常重要，就是掺杂。掺杂是制造 PN 结和晶体管的重要环节。我们对芯片进行电路布局，使芯片上的每个晶体管可以通、断、或携带数据。如图中的第 7 步。

简单的芯片可以只用一层电路，但复杂的芯片可能需要生长多个二氧化硅层，这时候通过重复光刻重复上面流程来实现，最终形成一个立体的结构。芯片里面不同的层可以通过开启窗口联接起来。

在晶圆上工作的离子注入机

（图片来源：视觉中国）

完成的芯片切面示意图，像搭乐高积木一样，一层一层堆建起来

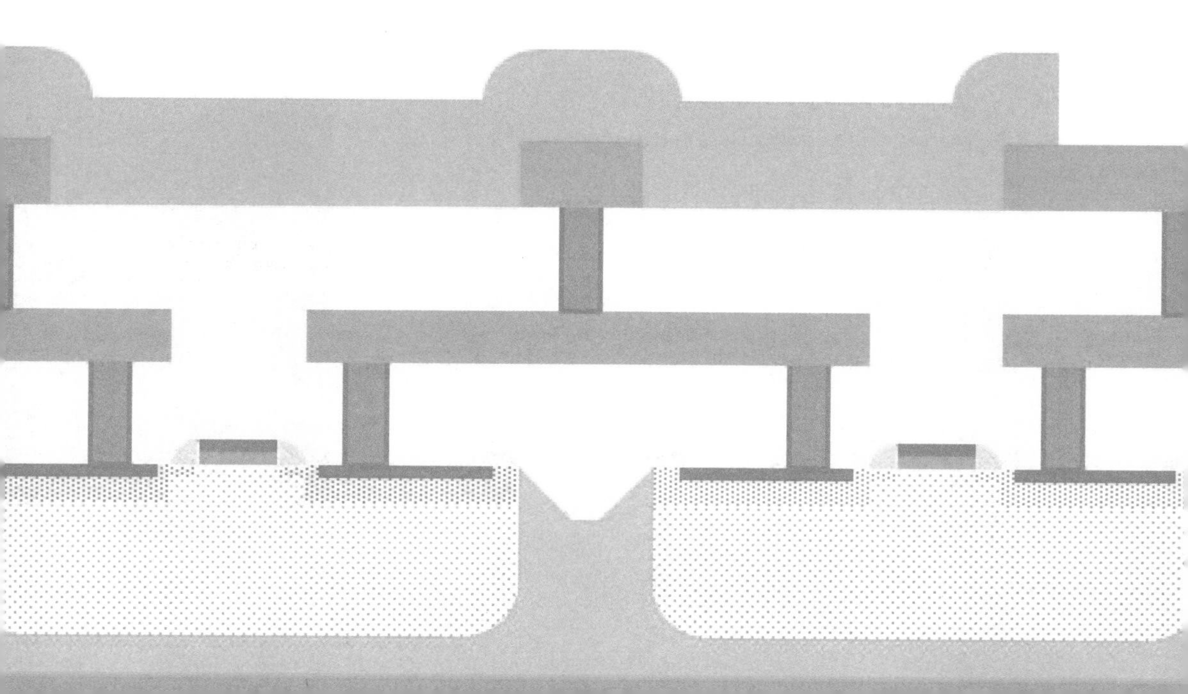

我们最后在一片晶圆上完成很多芯片。

封装成型

经过了数道工序的重复，我们才能生产出芯片。这个芯片做好之后是不是就能使用了呢？其实是不能的。一片晶圆上完成的芯片有很多个，这些芯片还需要进行封装。我前面说了，芯片生产是一个综合的产业，芯片还有一个非常重要的环节，叫封装成型。芯片是相当精密的产品，里面有这么多的晶体管，这么复杂重要的电路，当然它不能接触到灰尘、不能被酸碱腐蚀，对不对？所以，我们要把这些布满了晶体管的小硅片放进塑料块里。

芯片里面不是已经有做好的电路了吗，放进塑料块里，那这个电路怎么才能用上呢？

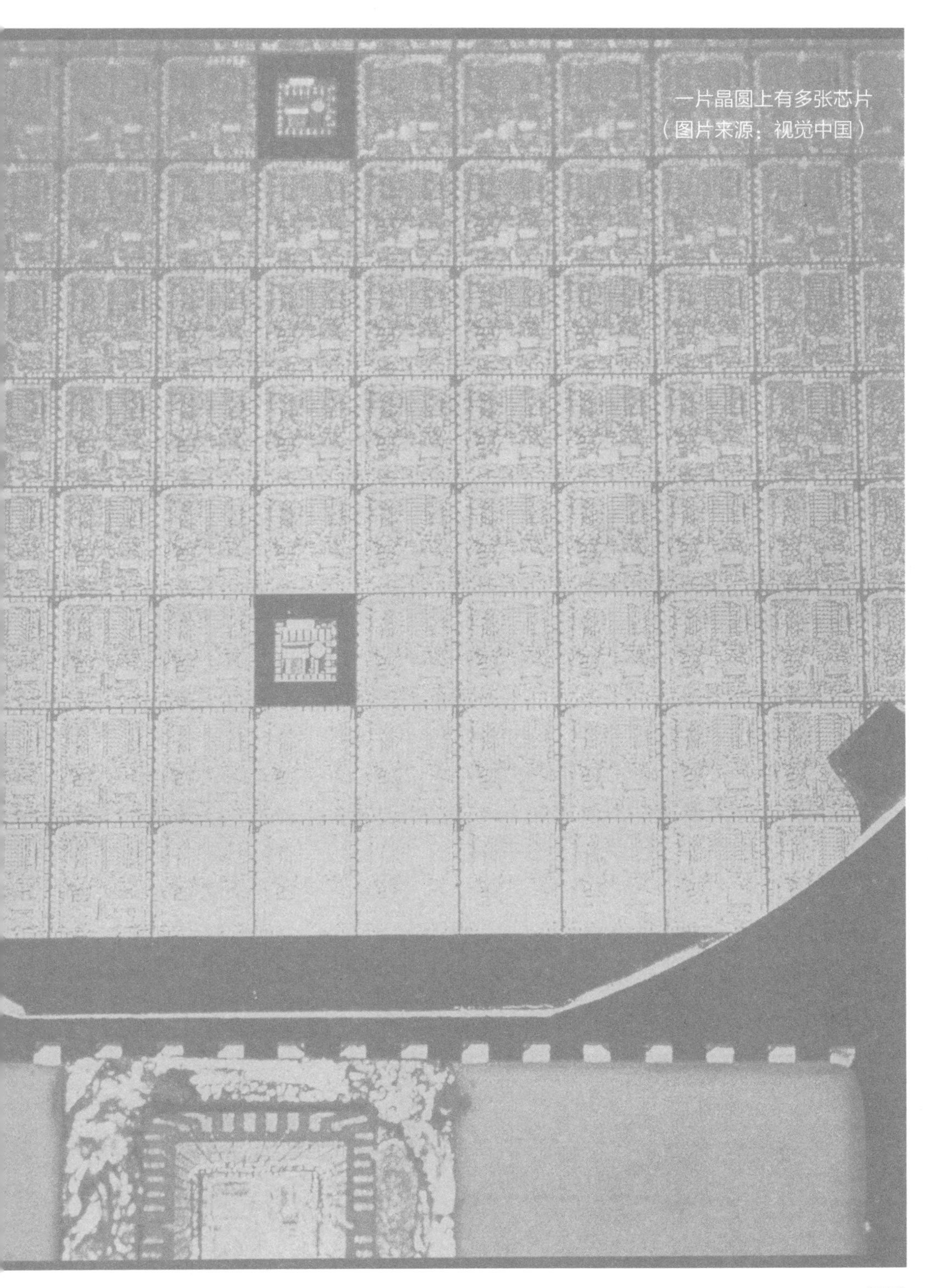

一片晶圆上有多张芯片
（图片来源：视觉中国）

同学们可以观察一下，芯片的塑料块或者陶瓷块会伸出来几根金属线，就像螃蟹腿，有的伸出来的是金属片，可以插入到电脑设备或其他设备里去。这些都是芯片的引线，当电信号从这里进去后，里面的电路就可以发挥它的功能了。

芯片的引线

那这些引线是怎么做出来的呢？这个工艺叫打线，有专门的打线设备来做这个步骤。

这是一块正在打线的芯片

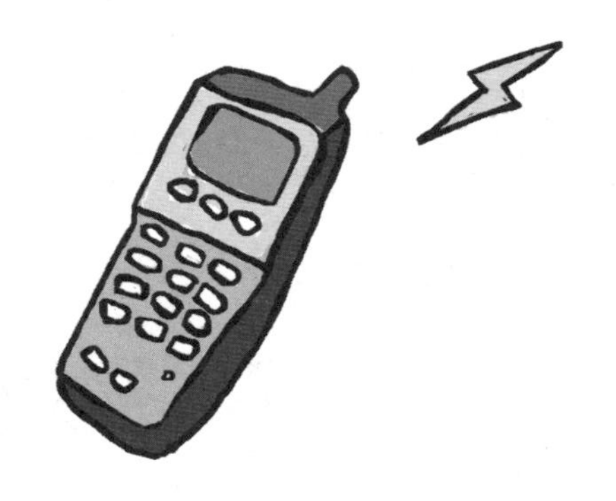

封装好的芯片就可以进行测试了，经过测试合格的芯片可以做在各种电子产品里面，成为我们日常所用的物品。

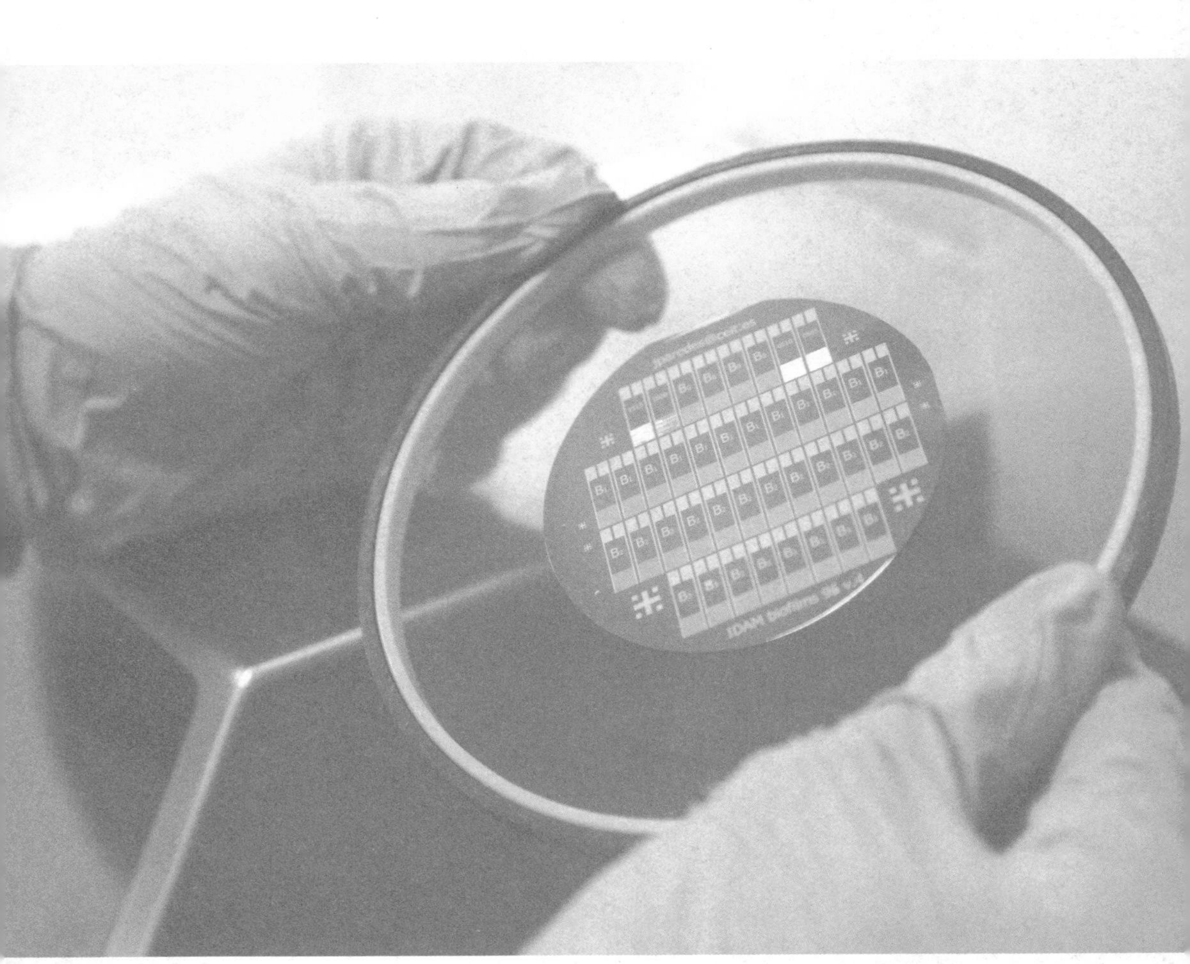

工作人员在检查晶圆上的芯片
（图片来源：视觉中国）

学生

哇，芯片上面的线路好密，如果生产过程中掉进去一颗灰尘会怎么样啊？

一个指尖那么大的芯片，要把好多晶体管做进去，那你想一想，那上面的电路得多细。这么细的线路做上去，假如生产过程中有一颗灰尘掉上去，整个线路就完了。最后的芯片可能就没有它最初设计的功能了，所以芯片上面必须非常干净。

邹世昌

一颗灰尘都不行吗？

秦畅

一颗灰尘都不能有的车间

一颗灰尘大概多少微米？一颗灰尘掉到芯片上，芯片就毁掉了对吧？

芯片是高精产品，它的生产要求非常严格，从晶体管的生产，到做集成电路板，可以说全过程对生产车间的要求都非常高，必须非常干净。

那么要干净到什么程度呢？就是进去的空气都要经过过滤。而进出车间的人怎么办呢？人本身就是一个灰尘的来源。怎么样让人不带进去灰尘？这就要把整个人包起来，甚至于口罩都要带好。这个就是为什么做这个集成电路的车间要求进去的人必须换好净化服的原因。

洁净室里，技术人员检查制造的芯片
（图片来源：视觉中国）

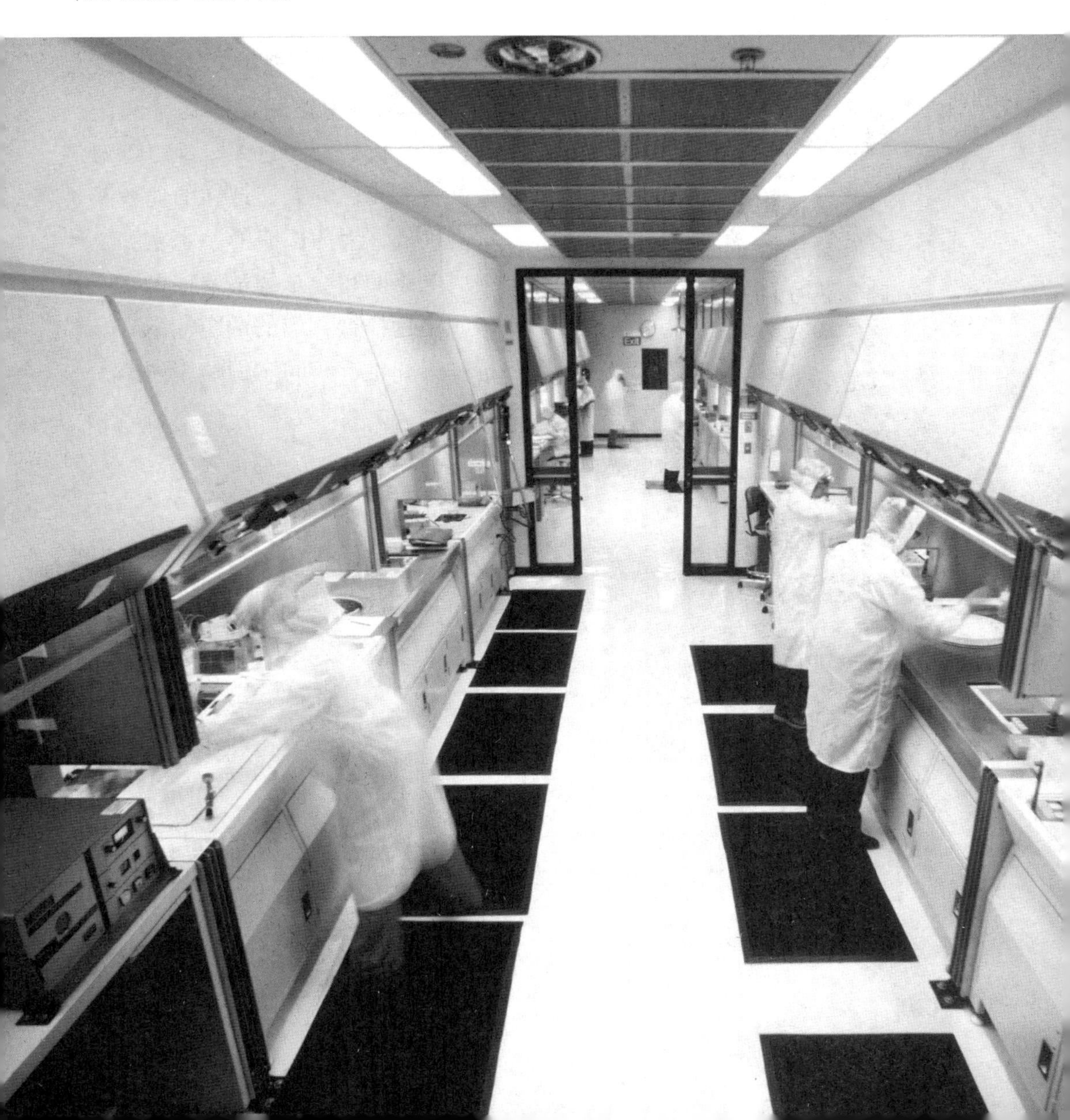

手术室和超净车间相比，哪个更干净？

我特想知道，如果我们拿医院的手术室跟制造芯片的生产车间相比较的话，哪一个更干净呢？

学生 

这位同学把生产车间同医院手术室相比较这个想法是可以理解的，因为这两个地方都对洁净度有要求。但是，这样的比较又是不准确的，因为医院的手术室和生产集成电路的超净车间都要根据它们具体的用途执行相应的洁净标准。显然手术室和生产车间它们的用途是不一样的。

这是工人在 1 级洁净室里生产芯片（图片来源：视觉中国）

芯片在使用过程中需要注意什么？

芯片生产出来后，其实我们已经给它封装起来，把它包起来，就是要防止使用过程中灰尘啊、酸碱物质等进到芯片里。那么这个包装也起到隔热、防冻这样的功效。当然，在极端的情况下，要是保护层失效了，这个芯片可能就不能用了。

这个芯片在使用过程中，如果碰到一些化学物质，它会产生什么样的反应？

芯片一般能用多长时间，如果芯片坏了怎么办，能修吗？

学生

设计者在设计的时候，当然考虑了芯片的使用寿命。一般来说，芯片的使用时间还是很长的，正常使用十年它也不会坏掉。但芯片的使用时间本身也受到技术进步的影响。同学们，现在是技术飞速发展的年代，你们可以看看使用的手机，现在有多少人在用智能手机，又有多少人在用老式的按键式手机呢？

所以，实际上，一款带有芯片的智能产品，你可能用了2年甚至1年，就发现有新的东西出来，比原来这个更好，功能更多，自然你会选择用新的产品。你看我们用的手机SIM卡，从3G卡到4G卡，其实只有短短两三年的时间。

我们用的芯片在生产过程中，是经过严格的可靠性检查的。芯片生产过程是一个严格控制的过程。芯片的维修是很困难的，一般不会去修，它本身是个封装好的东西，如果在使用过程中坏了，那就只能换掉。

我们使用带有芯片的电器设备，的确是会遇到受潮，或者突然电流增大，设备过热等问题，比如手机有时候会发烫，电池会过热等，当温度超过了半导体材料可承受的高度，芯片就会损坏。又比如我们的电脑，有时候打雷闪电或者突然断电，瞬时电流过大就会导致电脑芯片被烧坏，电脑就罢工了，这就只能更换芯片了。像下雨天，或者其他情况导致水渗进了芯片，那整个电路都会失效，这也只能更换芯片。

我看有的科幻电影，在人脑里植入一块芯片，这个芯片就可以控制人的大脑。我想问，芯片是怎么控制人的大脑的？

学生 

芯片控制人，还是人控制芯片？会不会人设计制造了芯片，反过来人脑被芯片控制了呢？

这些问题很有意思。从现在来看，芯片的功能是按设计者的要求来实现的，我们要先把信号输入到芯片，相当于人给它什么指令，它来完成相应的功能。

当然，人们已经在考虑，把电子系统做到人的身体里面去，现在有很多可穿戴设备，都在做类似的事情。同学们可能已经在使用这些产品了，比如计步器、比如血压器。像刚才那个同学问的，在大脑里植入芯片，当然也不是不可能。但是人在设计芯片时，由人来主导，而不是人被芯片主导。

我想问，芯片的原产国在哪里？它是不是我们中国人发明的，如果不是，它是怎么引进到我们中国来的？

走一条自己设计的路

芯片不是我们中国人发明的。

芯片的基础是晶体管。大约在20世纪50年代的时候，美国科学家就把晶体管做出来了。有了晶体管之后，就在考虑怎么用它。大概在20世纪60年代初，有几个美国科学家就用晶体管在做电路。开始的时候，一个集成芯片上只有几个晶体管，功能也很简单。但是随着需求越来越大，本身技术也在跟着发展，芯片上的晶体管越来越多，电路设计也更复杂，当然它能完成的功能也大起来了。

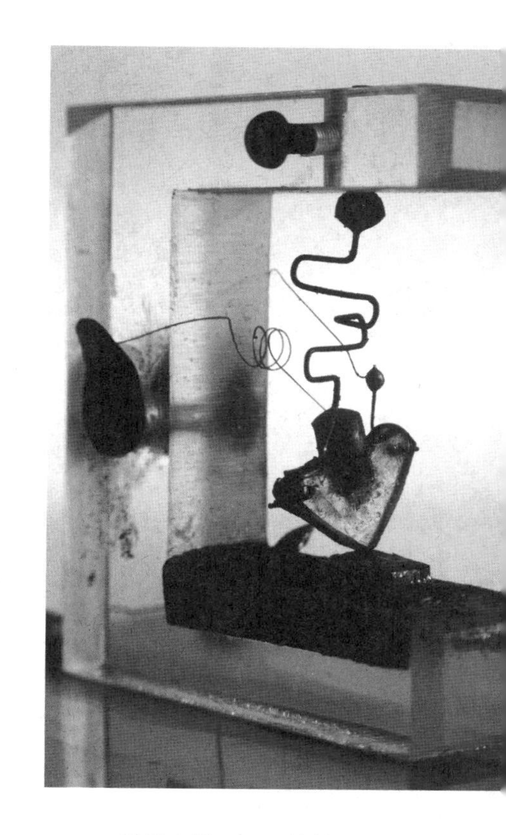

世界上第一只晶体管

（图片来源：视觉中国）

我们当然也想掌握这个生产技术，就慢慢地开始学习，引进生产线。但是直到今天，我们在核心的电路设计上更多地还是依赖国外的技术，只有我们真正做到了自己设计、自己制造，我们的整个产业才能强大起来，这才

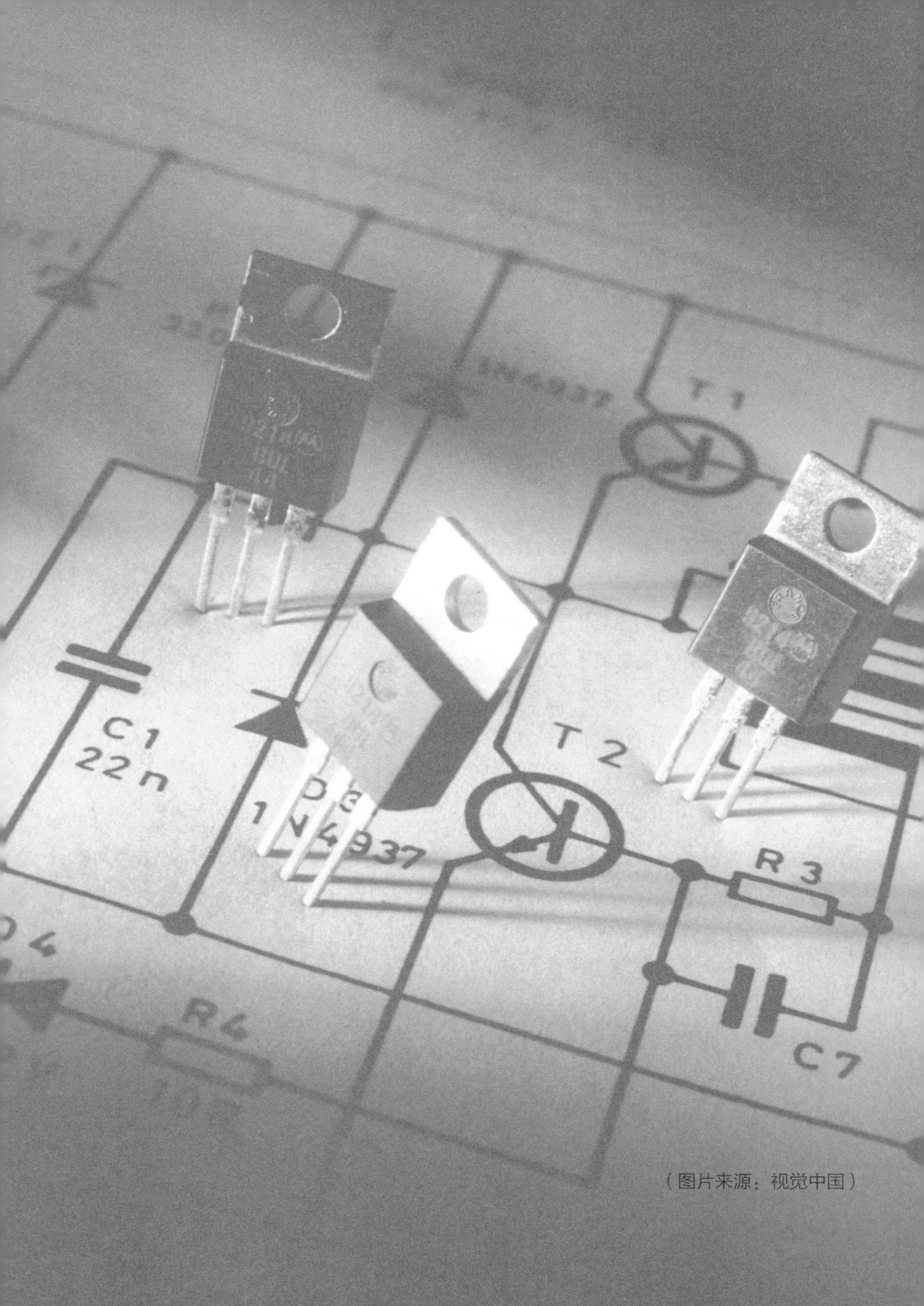

（图片来源：视觉中国）

是我们要走的路。

在座的同学们，你们现在正是学基础知识的时候，所以你们一定要把基础学好。今天我们谈论的集成电路，如果你们想要进入这一行来做研究的话，你们可能会在大学学习材料学、微电子学这样的专业，你们可能要选修半导体物理、半导体材料这样的专业课。

而现在，你们要紧的是要好好学习数学、物理，当然，语文、外语这些基础课都是必须要学好的，学好基础课，进入大学后，专业课的学习才会跟得上来。在大学里面，你们根据自己的兴趣，选择专业课，你做这方面的研究，他做那方面的研究，那么，我们这个行业的整体队伍就会强大起来。有一批年轻的精英在他们的行业里面发挥作用，这个行业才能很好地发展。

我特别期待年轻人好好地学习，甚至去国外学习，但重要的一点是，你们学好之后，要把这个能力、技术用来建设我们自己国家的产业。

游戏大挑战

哪些东西可以导电?

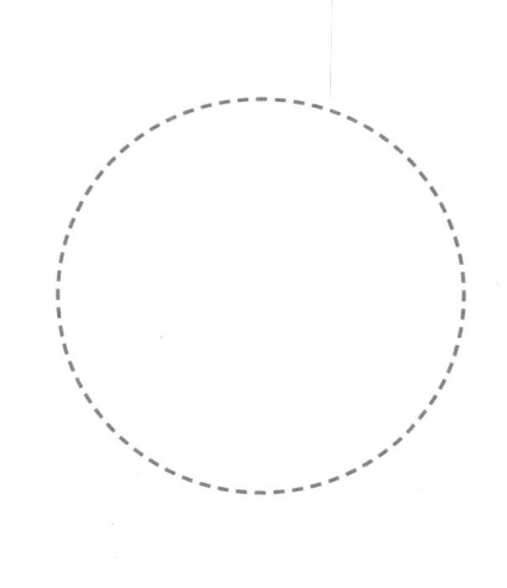

我们还是一起做做游戏吧！我觉得同学们看了这本书后，可以跟班上的同学和老师一起来做一个科学抢答游戏。你们可以分成四队来抢答。一队答的时候呢，其他三队千万别出声，因为你要准备你的答案。答案不能重复，别人说过的答案就不能再说了。看谁答到最后，谁就是最后的赢家。

敢不敢来试试？

海波

1队

2队

抢答，哪些东西可以导电？

3队

4队

我想问问，在我们的生活中，哪些地方能够找到芯片？

抢答，哪些地方可以找到芯片？

它们无处不有。

秦畅

来，在下面的方框里，把你想到的芯片画出来吧！

写在后面

节目主持人秦畅、海波

亲爱的同学，很高兴通过这套“与中国院士对话”丛书与你相见！

这套书来自上海广播电台“海上畅谈”节目。作为一档主张“开听有益”的节目，“海上畅谈”在每天节目中，都会深度解析一个有意思的现象、观点或者故事，更举行了很多有趣烧脑的活动——“小学生对话中国院士”就是带给所有人最多意外和惊喜的一个系列。

其实主持人秦畅、海波的初衷，只是尝试让中国最顶尖的科学家和最天真不受限的孩子进行一次面对面的“交锋”，看看这两个年龄、阅历、知识储备都反差极大的群体，以完全自然、直接的方式展开“平等对话”的时候，会呈现怎样的情形？所以这9场活动中，绝没有任何预演，也没有预设框架、限定提问范围。

你想得到吗？这样的设计，让小学生们热情爆棚，而院士们——很紧张！

除了紧张，00后、10后小学生们的自信、见识，让院士们惊讶；孩子们面对院士，那种锲而不舍、执着追问，以及据理力争进行争论、反驳的求知状态，让院士们甚感欣慰。

当院士们回忆起自己的童年故事，引得孩子们一片惊呼、大笑的时候；当院士们弯腰侧耳，仔细倾听孩子们的童真提问时；当院士们看着孩子们的眼睛，坦率地回答“我不知道”的时候……我们真的有些感动。

正是这份惊喜和感动，促使我们花了一年多的时间，费了很多力气，几乎是回到起点，编撰这套丛书。我们保留了部分院士和学生的对话实录，补充了现场没能来得及具体展开的专业名词解析，设计了一些互动游戏，也尽可能把每个相关行业目前国际上最前沿的信息和数据放入其中。我们希望，这本书不仅能说明白一些科学知识，更能反映中国目前科学研究领域的现状；不仅能牵着你的手，一起走入一座座科学探索的城堡，更给你一副发现科学的望远镜。

如果看了这套书，你也像现场的学生一样，脑袋里冒出很多很多的问题，那么欢迎你来大胆提问！

提问方式：

1．下载手机 APP 阿基米德，进入“海上畅谈”社区。在这里，你不仅可以点播、收听、下载所有节目，还可以在社区里随时提问！

2．搜索百度百家号：“小学生大战中国院士”。这里把“小学生对话中国院士”系列活动的所有照片、文字、问题集锦、幕后花絮统统一网打尽，欢迎你，加入挑战中国院士的行列！

收听指南：

“海上畅谈”每周一到周五，在上海广播两大频率同步推送：20:00-21:00 上海新闻广播（FM93.4）；12:00 东广新闻台（FM90.9）。

丛书编写组

扫码进入：现场重现
（对话邹世昌院士现场声频和视频）